杂木盆景
造型与养护技艺

郑永泰◎编著

海峡出版发行集团 | 福建科学技术出版社
THE STRAITS PUBLISHING & DISTRIBUTING GROUP | FUJIAN SCIENCE & TECHNOLOGY PUBLISHING HOUSE

图书在版编目（CIP）数据

杂木盆景造型与养护技艺 / 郑永泰编著 . —福州：
福建科学技术出版社，2018.6（2025.5重印）
ISBN 978-7-5335-5533-7

Ⅰ. ①杂… Ⅱ. ①郑… Ⅲ. ①盆景 – 观赏园艺
Ⅳ. ① S688.1

中国版本图书馆 CIP 数据核字（2018）第 014802 号

书　　名	杂木盆景造型与养护技艺
编　　著	郑永泰
出版发行	海峡出版发行集团
	福建科学技术出版社
社　　址	福州市东水路76号（邮编350001）
网　　址	www.fjstp.com
经　　销	福建新华发行（集团）有限责任公司
印　　刷	福建新华联合印务集团有限公司
开　　本	700毫米×1000毫米　1/16
印　　张	8
图　　文	128码
版　　次	2018年6月第1版
印　　次	2025年5月第4次印刷
书　　号	ISBN 978-7-5335-5533-7
定　　价	40.00元

书中如有印装质量问题，可直接向本社调换

前言

　　杂木，画论上也称杂树，泛指除松、柏、杉类之外的多种树木总称。

　　杂木盆景，顾名思义，因"杂"而种类繁多，不同树种的生理特征和生长特性诸多不同，因而具有更加广阔的创作空间。

　　杂木树种多种多样，其根基、枝干、皮壳、叶形、叶色、花果等千姿百态，各具特色，可以制作成各种不同的造型形式，可采用春意盎然、华盖浓荫、繁花硕果、铁骨寒枝等不同景观的表现手法，特别是具备观赏寒枝的树姿，经摘叶（落叶）修剪后整株枝干暴露无遗，造型的形态美和枝干的线条美、结构美为鉴赏的主要内容，而不像松柏类树种只能以观形观叶为主，难以观骨。因此，杂木盆景更充分地体现了中国盆景所具有的形态多样、诗情画意、意境悠远的民族特色。

　　然而，杂木树种多，大都生长迅速，季节性变化明显，且地域性强，培植制作方法要求诸多不同，造型保形难度较大。一件成功的杂木盆景作品，首先必须具有符合美学法则的自然美形象，然后还要讲求内涵意境，也就是意象。如果缺乏对不同树种生理特征和生长特性的充分了解，以及对造型章法、技艺技巧的理解和掌握，就算得到优秀的桩头，相信也难以准确塑造艺术景象，做出理想的作品。而一件成熟的作品，若未能掌握科学合理的养护管理方法，则难以保健保形，延续其艺术生命，可能会变形、退缩枯残，甚至夭折，更不要说让作品传世传代了。

　　作者培植制作杂木盆景多年，品种超过 40 种，经不断交流学习，实践总结，积累了一定的制作养护经验，现特编写成此书，将杂木盆景制作技巧、养护要点经验与爱好者交流，希望对初学者有所帮助。

郑永泰

2017.8

目录

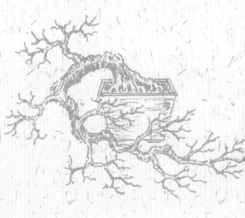

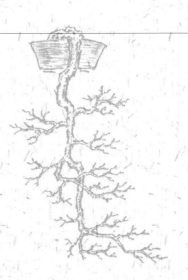

一、杂木盆景的造型形式

当今杂木盆景的制作已基本淘汰了规则式模式化的造型技艺，而是以自然界树木作为创作蓝本，遵循"师法自然""崇尚自然"的创作理念，尊重自然界树木的生理特征和生长规律，结合一定的美学法则，从而逐步形成一套独特的制作方法：在注重浓缩再现树木的自然美，尽力表现作品的意境美的前提下，参照自然界树木的各种形态，创新出多种造型，并总结规范成一定的造型形式。根据不同分类方法，杂木盆景可分为不同的造型形式。

（一）依树木生长特性和自然形态格局分

依树木生长特性和自然形态格局分，杂木盆景的造型形式主要有以下7种。

1. 木棉格

树形根盘发达，锥形隆基棱突硕壮，干身高大挺拔，气势雄健，枝托刚劲，水平或略下垂向外延伸，尽显阳刚之美。自然界木棉树侧枝轮生，但木棉格造型一般不提倡应用过多轮生枝托。

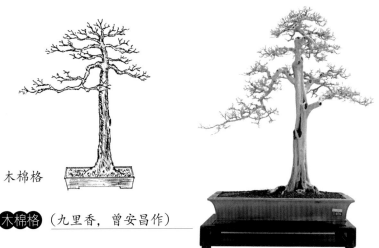

木棉格

木棉格（九里香，曾安昌作）

2. 古榕格

板根硕大，劲根突起，蔓根发达，干身突兀，树冠大而干势多变、枝叶繁茂，有浓荫蔽日之势，是一种古朴雄浑的矮壮大树树形。

古榕格 （榕树，郑大兴作）

古榕格

3. 松格

树势挺拔，苍劲雄奇。其树形高干耸立，树冠平顶或宽塔形，枝托出托位置较高而略下垂向外呈片状延伸，内膛枝较少，是自然界松树的缩影。

松格

松格（九里香，《情缘高逸》，萧庚武作）

4. 柳格

树形婀娜多姿，妩媚动人，枝条轻盈柔顺下垂，树干过渡比较圆转，自然而流畅。不宜采用虬曲苍劲的表现手法。

柳格

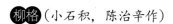

柳格（小石积，陈治辛作）

5. 梅格

以梅花为蓝本，表现铮铮铁骨而古雅高洁的树形。一般主干宜横斜，枝条宜舒展，不需要做过多扭曲，枝爪叶片宜清疏，且疏密有致，但树形可采用多种形式，以老桩古桩较为常见。

（梅花，《疏影》，赵庆泉作）

梅格

6. 文人格（文人树）

文人格是简洁、孤高、淡雅脱俗的树形。树干劲瘦老辣，冠幅较小，枝叶清疏简洁而错落有致，多高位出枝。文人格表现古代文人孤高清逸、卓而不群、独行不羁的文人风骨。

文人格

文人树 （老鸦柿，《清秋》，赵庆泉作）

7. 素仁格

素仁格是岭南盆景造型中的一个独特风格,由广州海幢寺主持陈素仁创立。其造型特色是空间大片留白,枝叶稀疏自然而又少到极致,追求至简,是一种枯寂平淡的禅宗味很浓的树形。由于中华人文文化儒释道是合一的,故从广义上说仍属文人树范畴。

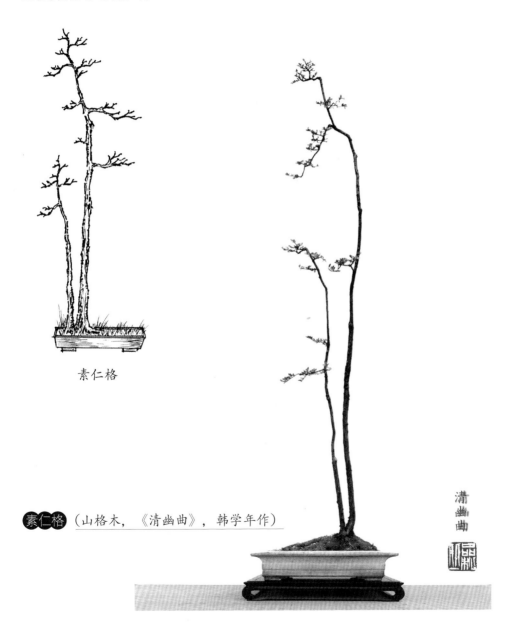

素仁格

素仁格(山格木,《清幽曲》,韩学年作)

清幽曲

此外，还有形似动物的象形格，以及形态怪异的怪桩等。

象形格

象形格（榕树，《鹿回头》，郑永泰作）

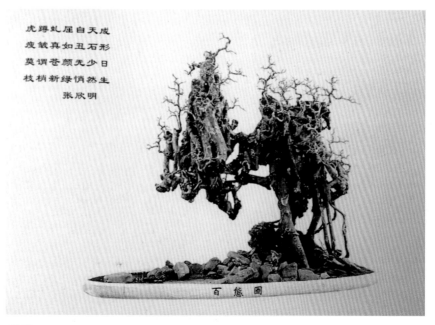

怪桩（六角榕，《百态图》，温雪明作）

（二）依树木树干多寡分

依树木树干多寡，杂木盆景的造型形式可分为单干型、双干型、多干型。

1. 单干型

单干型即只有单一主干。

单干型

2. 双干型

双干型要求双干协调，两干分歧从泥面开始，忌分歧位过高或分歧后呈蛙胯形。当然，由两株树木合栽的双干型，就不存在分歧问题，只有间距问题。

双干型两干的粗细高矮应有一定变化，可略为平行或一正一斜或双飘斜。双干大小差距明显的称父子树或爷孙树，大小较接近的称兄弟树或夫妻树。两干的枝托应尽量向两边伸展，不宜过多交叉重叠，以使双干造型清晰；两干顶梢要形成顾盼之势。

双干型

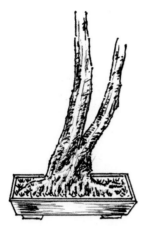

双干型（分歧位过高）

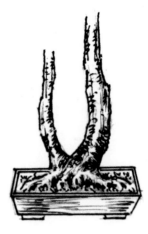

双干型（蛙胯形）

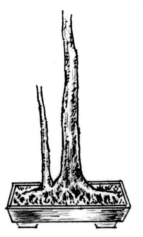

双干型（平行）

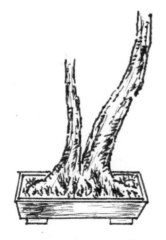

双干型（一正一斜）

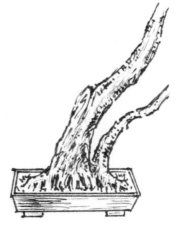

双干型（双飘斜）

爷孙树（雀梅，《公孙乐》，罗汉生作）

夫妻树（相思树，《共伊偕老》，陈治辛作）

3. 多干型

多干型是指有三干以上的树木造型，也叫丛林式，主要表现树木丛生成林的景象，一般又分为以下4种形式。

（1）独头多干。同一树木基部长出数干，其树木根盘相对宽矮，各干出位以紧贴泥面为佳，不宜过高，要求有一较高大的主干处于主导地位。主干两边有副干和衬干，各干粗细变化协调，干与干之间基本不交叉，整体和谐自然。

独头多干

独头多干（榆树，郑永泰作）

（2）连根多干。连根多干是树木延伸的树根上萌生多个新芽并长成树干，形成多株树木连根丛生。也有的是多株小苗靠近生长，长大后根系交错粘连，形成丛生多干。注意各干不要等高等距或平列在一直线上，尽量有高有低、有粗有细，且前后错落有致，以表现丛林深度。较粗较高的主干能处于整体1/3处且前后适中最为理想，个别缺位可通过嫁接或栽培衬树加以调整。

连根多干

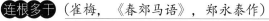 连根多干（雀梅，《春郊马语》，郑永泰作）

（3）过桥式多干。过桥式也叫竹筏式，是树木因多种原因导致倾倒而横卧生长，其干身上的枝托和新萌生的枝干逐步向上丛生成丛林状。由于很难遇到这样的素材，通常采用靠接造干的方法进行创作，其培植制作难度较大。

过桥式多干

过桥式多干 （榆树，《老榆探海化蓬莱》，郑永泰作）

（4）合栽多干。合栽多干造型形式比较常见，它是将3株或3株以上的树木合栽，多取奇数。一般采用同一树种或叶性、干肌、皮色、树性基本相同的树种，这样观赏效果比较统一，管理起来也比较容易。也可以采用不同树性的多种树种，以表现一种别有特色的自然景观。合栽多干造型制作比较自由，但必须有主树、副树、衬树，既可单组，也可分组布局。要求疏密有致，分级延伸，做到全景变化统一，韵味自然，忌树与树等高、等粗、等距、平行并列。合栽密林布局干形较直，干身下段枝托较少，多单枝结顶；而合栽疏林布局则干形可较多变化，多表现野趣景观。

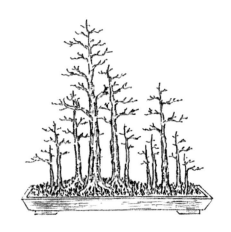

合栽多干

合栽多干（榆树，《水清鱼读月》，郑永泰作）

合栽多干（榆树、朴树、三角枫、牡荆、水蜡，《秋思》，贺淦荪作）

合栽密林（榕树，《南国水乡》，黄家乐作）

合栽疏林（榆树，《鸟鸣林更幽》，韩学年作）

（三）依树木主干干形分

依树干主干干形，杂木盆景的造型形式可分为直干型、斜干型、曲干型、卧干型、临水型、悬崖型、捞月型、回头型、附石型、提根型、枯干型、云头雨脚型等 12 类。

1. 直干型

直干型是树木主干没有弯曲或仅略有弯曲，基本上呈直线向上的造型形式。要求根盘良好，有强劲粗根在泥面向四方分级延伸或形成板根，半裸露或略显裸露，平整中见变化。主干的隆基要肌理突兀粗壮，向主干锥形过渡，干身有荒皮性和骨肉感，多"坑稔"（纵向棱突）扭旋更佳。直干型常制作一条大飘枝或高位跌枝增强动感，但大飘枝应和根盘延伸相呼应，如逆向会重心失衡。

直干型

直干型造型常制作一条大飘枝（九里香，梁洪添作）

2. 斜干型

斜干型主干略有变化，而向一侧斜出生长，一般倾斜不超过45°。斜干型是雄健潇洒而具动感的树形，其根盘要求有粗壮的顺向拖根和逆向撑根，与各主枝托出枝角度及走势和主干巧妙配合，保持树势动感中的平衡。较常见的是制作一条斜出角度较小的逆向大飘枝，也可以制作同向飘枝增强动势。

斜干型

斜干型造型根盘（榕树，《盛世花榕》，吴垂昌作）

斜干型造型同向大飘枝（红花檵木，《疑似红霞艳似火》，陈昌藏）

3. 曲干型

曲干型主干明显弯曲变化，但总体趋势向上。要求主干曲屈顿挫富有力度，追求强烈的转折扭旋，但主干线条要连贯，树气流畅而过渡自然。其他一般要求和直干型相同。

曲干型

曲干型造型主干转折扭旋强烈，树气流畅（九里香，《花开香自浓》，何焯光作）

4. 卧干型

卧干型的主要特征是树木主干下段 1/3 以上横卧紧贴盆面, 树干走势不论。

卧干型

卧干型造型主干基部横卧于盆面 (榕树, 《飞龙在天》, 魏积泉作)

5. 临水型

临水型是树木主干向一边倾斜（超过45°），寓意树木趋水生长，即斜出一方联想为水域。此造型反映岭南水乡风情，故常出现在水旱盆景中。临水型与斜干型的主要区别是临水型倾斜角度较大，且树木干形相对比较潇洒飘逸，常制作一条顺向临水飘枝，多使用斗方盆。

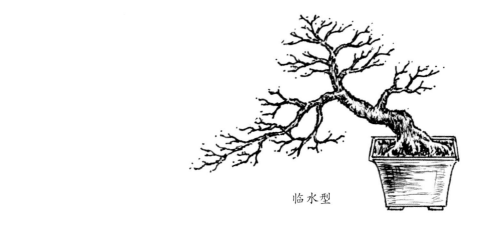

临水型

临水型造型常制作一条顺向临水飘枝（山橘，《水影横斜橘飘香》，罗小东作）

6. 悬崖型

悬崖型表现树木生长在悬崖峭壁险境中的抗争状态和强劲生命力，是险而飘、险而动的树形，要求有粗根似鹰爪般紧抓泥面，有"咬定青山不放松"之势，隆基出土即转折弯曲，使干身向下跌宕变化，曲屈摆动延伸，有顿挫感。落差较大，超过斗方盆底的叫大悬崖；落差较小的称小悬崖或半悬崖。

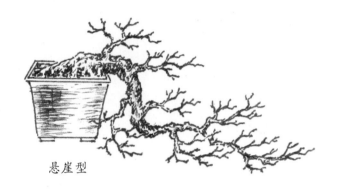

悬崖型

小悬崖（榕树，《观潮》，苏国池作）

大悬崖（九里香，阮建城作）

7. 捞月型

捞月型由悬崖型变化而来，也叫抱月型。在岭南称海底捞月，深受喜爱。其主干首段跟悬崖型相同，只是向一边斜向下跌后又向反方向回旋扭转，变化延伸。若悬崖型的主干紧贴盆壁急泻下行，且干身较长，枝托多呈两边分布，则又称挂壁型。

捞月型　　　　　　　　　　　　挂壁型

捞月型造型主干向一边斜向下跌后向反方向回旋扭转（三角梅，《紫霞邀日》，何伟源作）

8. 回头型

回头型是树木主干斜出一段后，又扭转回旋，向反方向延伸。其根盘要求跟斜干型相同，但主干斜出一段后，应略带弧度向内弯曲变化，斜出的主干与盆面夹角不宜过大，回旋延伸应有上下左右变化，使主干与盆面间形成自然美的空间。注意干粗细蓄养到位，节段过渡自然，防止急于求成而做成老鼠尾巴状的主干。

回头型

回头型造型主干斜出一段后扭转回旋，向反方向延伸（三角梅，《回眸一笑》，陈昌作）

9. 附石型

附石型就是树木附石而生，可分为根盘缠绕于石头上的石上树型和根干贴石而上的崖上树型或悬崖树型。附石型要求其根干能紧贴石面或嵌入石缝，使树石融为一体。石上树型一般都是以树为主，石低矮，而崖上树型山石高、体量大、山崖是主体，要避免树木体量过大，造成头重脚轻，主次比例失调，违背自然生长状态。

附石型

石上树型 （雀梅，《云崖竞秀》，孙龙海作）

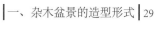

崖上树型（相思树，《云崖论道》，郑永泰作）

壁上树型（榕树，《生存》，韩学年作）

悬崖树型 （山橘，《傲骨仙风》，吴成发作）

10. 提根型

提根型树木根系裸露，突出盆面，有古朴、坚韧或灵动之感，也可以根代干。如以根附石则归入附石型。提根型要求裸露的根要有一定粗度，且有走势有变化，有自然美感，且提根而不失稳固。

提根型造型要求根有自然美感（鸡蛋花，李锦伟作）

提根型

11. 枯干型

枯干型是指树木主干因受自然力或外力损伤或病虫害侵蚀，致使大部分枝干枯死，基本上形成枯干。这是一种反映树木劫后余生或在恶劣环境中求生的树形，枝叶枯荣对比强烈，犹如生死之恋。若只是主干顶端部分枯死，则称枯梢型。一般会对枯死主干进行适度人工加工，但应避免明显的人工痕迹。杂木盆景不提倡把完好的主干人工加工成所谓舍利。

枯干型

枯干型造型枝叶枯荣对比强烈（红花檵木，《剑之恋》，郑永泰作）

枯梢型

枯梢型造型主干可适当加工，但不可留人工痕迹（雀舌黄杨，胡乐国作）

12. 云头雨脚型

　　云头雨脚型树木主干上粗下细，呈倒锥形，多为直干式，也有略有变化的斜干。桩形较为少见。有的是利用直根性的树种，以根代干，形成云头雨脚造型，其枝托不拘常法，适宜制成写意造型。

云头雨脚型

云头雨脚型（相思树，褚国球作）

（四）依树木观赏效果分

依树木观赏效果，杂木盆景的造型形式可分为观叶、观花、观果、观骨四类。

1. 观叶

观叶适用于叶形叶色有特色的树种（如红枫等），或并无花果可观赏的树种（如榕树、黄杨等）。而有些枝托不到位，空间架构不理想或有缺陷的熟树，也采用观叶，且用较密的叶片遮掩，而使观者忽略或看不到枝托线条或内部空间结构的缺陷或不足。这种表现手法俗称虚枝实叶，乃不得已时采用。

（枫树，《秋韵》，郑永泰作）

2. 观花

观花适用于某些开花且花形花色观赏效果好的树种，如三角梅、杜鹃、梅花、海棠等。制作观花盆景必须掌握树种花期规律，适时采用控水催花等措施，促使花芽分化，并合理施肥，还要计算好花期，以便适时观赏或参展。

（三角梅，郑永泰作）

3. 观果

观果树种在杂木树中相对较少，有石榴、火棘、金弹子等。必须掌握树种生长规律，采取催花保果等措施，达到最佳观赏效果。以观果为主的树木造型，小枝横角可以较疏或不过于讲究，但树木造型大线条及果实疏密的布局一定要处理好。

 观果（桑树，《吉祥喜庆洒人间》，郑永泰作）

造型大线条及果实布局要合理（石榴，《秋醉》，张忠涛作）

4. 观骨

观骨树木也称"裸装"或"寒枝"。许多杂木树种都具备多种观赏效果，但观骨是杂木盆景最多见的观赏形式。所谓观骨，就是摘（剪）去树木的所有叶片（注意不要伤及腋芽），并按观赏要求对枝托小枝进行精细修剪，使桩景枝干最佳造型效果暴露无遗，枝形或铁划银钩，或端庄工整，或飘逸潇洒，或傲骨欺风，或轻盈飘逸，整体作品构图之美、架构之美、线条之美尽收眼底。此时是判断作品艺术内涵和章法技法的最佳时机，是优是劣，是铜是铁，一目了然。在杂木盆景技艺深受推崇的岭南盆景界，把这种观骨制作方法称为近树造型，并采用"脱衣换锦"的表现手法。所谓"脱衣"就是修剪，摘去全部叶片，寓意脱去旧衣裳。"脱衣"后一段时间，桩景萌动抽芽，芽头点点，或青翠欲滴，或嫣红夺目，骤显勃勃生机，春意盎然，韵味无穷，令人流连忘返，这就是所谓"换锦"（寓意旧衣脱去，已穿上锦袍新装）。这时候正是杂木盆景最佳观赏时间，很多爱好者选择这一表现手法制作作品参展。但由于不同树种、不同季节、不同地域气候环境，摘叶后萌发的时间不尽相同，送展前需准确把握。

观骨（雀梅，《觅风》，吴成发作）

　　"脱衣换锦"有利于树木的新陈代谢，对树木生长有利，但也造成很大的养分消耗。若为参展或日常观赏而过于频繁摘叶修剪，则可能使盆树不胜负荷，导致树势减弱，甚至退枝枯缩。因此，除少数耐修剪的树种，如榆、朴、雀梅、对节白蜡、三角枫等之外，其他树种每次摘叶修剪后应让其休养生息一段时间，最好能保持一个生长期，以让盆树恢复正常生机。

采用"脱衣换锦"手法制作的作品（榆树，《共享自然》，郑永泰作）

"换锦"后的作品（博兰，《天伦乐》，赖建国作）

（五）杂木盆景造型形式的确立

上述常见造型形式，是对树形树格的规范，目的是便于作者在挑选素材时做出评估，预期造型效果，以便随时对定向制作做出判断和思考。这也为杂木盆景的分类鉴赏提供了一定的依据，便于交流。但我们在具体操作和实践中，则特别需要注意避免模式化，应灵活掌握，张扬个性，既要运用章法技巧表现一定的树形树格，也要大胆创新，做到造型的多样化，尽情再现自然界树木的千姿百态，多姿多采，以及所呈现的美感神韵、自然野趣，使自己的作品既有造型的基本功，又具有自己的风格特色。

二、杂木盆景的枝托造型

（一）枝托的造型布局

枝托是杂木盆景以主干为基础的骨架。杂木盆景虽然造型形式多种多样，但都讲究枝托造型的线条美和空间美，而这种美必须符合树性特征（自然美）。一般桩材干形确定后，延伸主干，制作枝托，以表现线条美感；并以优美线条调和构造主体架构，以表现内涵丰富的空间美感。这种枝托造型的制作章法，是作者技法功力的体现。要求从枝托大小、出托位置，到疏密聚散、争让扬抑、顾盼呼应等都有一定规范，这是制作技艺的基本功，就像书法中的点、撇、钩、捺一样重要。

枝托布局和形态服从于整体造型。不论立意在先，还是因材施艺，都应考虑树种特有的自然特征及生长规律，浓缩和表现树木枝托的线条美和结构美。自然界的杂木树一般都是轮番从叶腋萌生新芽，长出分枝，故其枝托基本上都是呈脉络状生长。杂木盆景的枝托制作，必须遵循这一生理特征，以脉络的形式表现枝托线条美感，做到枝脉线条流畅清晰，

自然界杂木枝托

即每一条枝托都有主脉（也叫主枝）、次脉（即一级分枝）、细脉（即多级分枝）、小枝横角（即枝梢），并逐级延伸分布。除小枝横角外，每一级分枝都要自成脉络。同一主脉大小脉络总趋向相同，但角度不同，有交叉变化而互不阻塞，各行其道，所有大大小小的脉络交代清楚，营造出主次分明、争让合理、疏密有致、露藏得当、视觉清新而富有变化的三维空间整体架构，以充分表现造型中的线条美和空间美。此外，还要注意平面透视的空间美，也就是要上镜。这种空间不是简单的空，是能给人产生悬念，引发联想的空间，既是线条结构美，更是一种空灵美。每一个脉络又都是独立的局部架构，如分离出来都可以成为一株完整的小树。

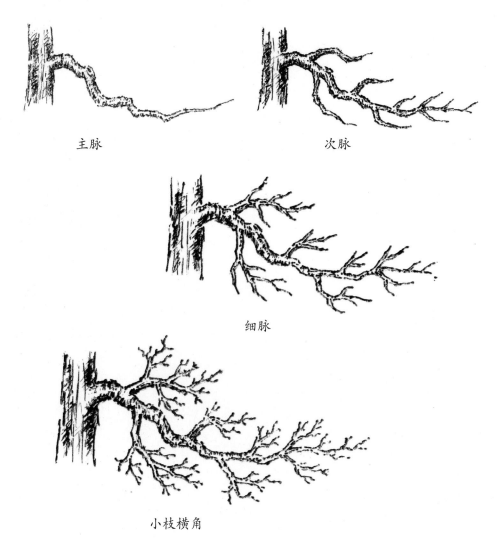

主脉　　　　　　　　　　　　　　　　次脉

细脉

小枝横角

　　枝托的布局形态要符合树木生长的自然规律。首先，枝托应呈放射性交错着四面出枝，忌正面过于平露或两侧左右出枝成扇形，且应两边长、前后短，形成俯视椭圆形的三维空间。主枝出托位置既不要处于内弯凹位，即阴位处，也不宜位于转折弯曲最突出处。阴位出托显得闭塞不自然，有压迫感，枝托无力；而处于阳面突出处，则会分流削弱树势，影响主干线条的流畅和力度美感。此外，主干下段的枝托应相对较粗、较长、较平或略下垂，越往上则相对越细越短，越上扬；枝托与主干比例也由下而上逐渐缩少，至主干顶端，顶梢与顶端枝托粗细已基本接近，而形成树冠结顶。

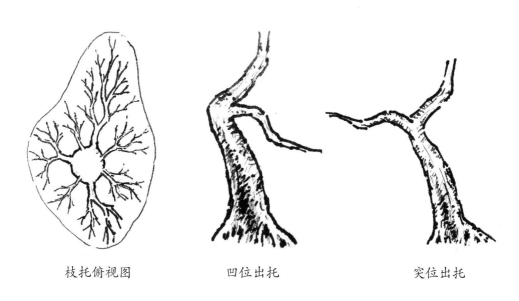

枝托俯视图　　　　　凹位出托　　　　　突位出托

　　杂木盆景的树冠是根、干、枝、叶的有机结合，而以小枝横角为终端勾画出整体空间、整体构图轮廓。顶冠是树木的顶端轮廓。树木的顶冠像一个人的头部，很是引人注目，它服从于整体的造型，对整体造型的均衡统一和神态有着重要的影响。树木的顶冠由结顶形成。杂木盆景的结顶方式多种多样，不同树种、不同树形、不同生长环境，都会出现不同的结顶方式。一般自然杂树多为扇形或半圆形结顶，既有主干枝梢清晰的

半圆形结顶

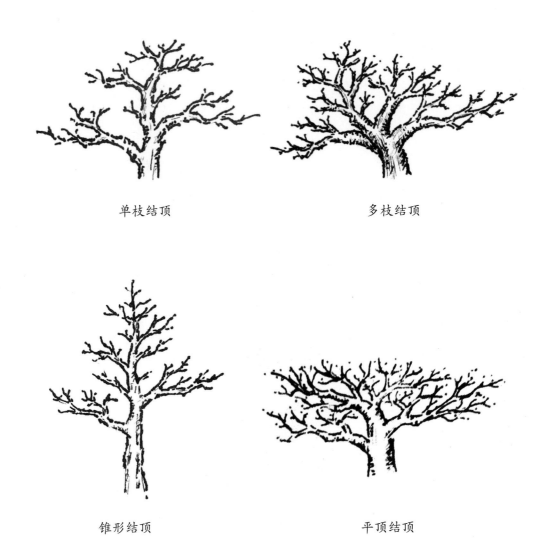

单枝结顶　　　　　　　　　　多枝结顶

锥形结顶　　　　　　　　　　平顶结顶

单枝结顶，也有由多条粗细接近的顶端枝托构成的多枝结顶。密林式丛林造型主干下段因光照不足而枝托稀少，顶部则因枝叶争光之故而多为单枝锥形结顶。古老大树或雪压环境中生长的树木多为平顶结顶，风吹树形顶冠偏向顺风方向，另外还有枯梢等。总之，顶冠是整体造型的一部分，要注意自然流畅而协调。高干树形的顶冠总体趋向可略向前倾，与观者形成互动亲切之感；如后仰会有离心之嫌。顶梢还要防止因顶端优势越长越长，造成比例失调；避免过早或过分压顶使顶冠过低过密（俗称"缩颈"），而形成压迫之势。

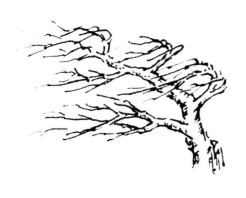

风吹树形结顶

枯梢结顶

结顶过长（"脖子"过长）

结顶过低过密（"缩颈"）

　　枝托由主干出托后，应由内向外延伸，节间一节比一节长，粗细一节比一节细，大小过渡变化自然，特别是主脉首节要粗而短，避免直角水平出托，且与主干呈一定夹角，才不致呆板生硬。整体走势向前的枝托，首节起托应先略向后；整体走势水平或向下的枝托，其首节应略向上。在枝托延伸上要充分运用艺术手法，尽可能表现主线条的起伏摆动、抑扬顿挫，节奏韵律，应硬角软角兼用，弧线曲线结合，多曲构弯、长短相间，既舒展流畅，又显力感。

　　枝托布局既要避免过于拥塞密集，又要防止过于空洞单调，要做到疏密有致，有疏有密，该疏的尽量简，该密的尽量蓄，做到如中国画理中的"疏能走马，密不透风"。主干和主枝、主枝和分枝，特别是一、二、三托之间应多留空间，用这些空间的大小变化，加上枝干的线条美，尽力营造整体架构的空间美感。各枝托的小枝横角则要细密有序，形成簇生，成片成块，且密中也要有错落空间，片中有片，既显示年功，又不呈铁板一块。

枝片和枝片间要相互错开，长短也有所变化，以利于通风采光，也能增加树冠的错落感和空灵感。那种主干上排满枝托，全株树冠轮廓平整圆滑、小枝横角密不透风的造型，虽可见年功显著，但过于凝重，难见内涵，不符合传统的审美习惯。

枝托章法虽有一定规范要求，但在实际操作中，要顺乎自然，巧用章法，尽可能表现自然野趣，做到杂而不乱，不能过于拘谨，不然会适得其反。比如，枝托延伸的节间粗细长短，因树木生长受季节、气候等因素影响，生长速度不会那么均匀"听话"，自然而然会有所变化，若死板地按一节比一节长、一节比一节细的要求操作，不但难度极大，更可能导致模式化。模式化则呈现匠气，呆滞乏味，或许脉络结构就成模式化的图案。诚然，枝托制作章法是几代盆景人在实践中不断总结出来的经验，是制作技艺的基本功，需要我们在掌握基本功基础上，充实完善。事实上，一件成功的盆景作品，作者的制作只是树木生长过程中的艺术附加，这种附加虽融入了作者的灵感思维，但只有顺应自然，才能达到"天人合一""虽为人作，宛若天成"的艺术境界，这也是盆景作品与绘画的本质差异。

（二）不同造型形式的枝托枝形

杂木盆景枝托枝形和布局服从整体造型布局的要求，不同的树形要采用不同的枝托表现形式，即采用不同的枝形。比较常见的枝形有以下几种。

1. 鸡爪枝

其枝形有序，刚劲曲节，枝节相对粗短，主次脉夹角较大，密而不繁，小枝横角形似鸡爪，显得苍劲老辣，雄伟古朴。苍劲雄浑的矮壮大树造型多用这一枝形。

鸡爪枝

2. 鹿角枝

其枝形与鸡爪枝近似，但节间相对较长，夹角较小，分枝多斜向朝上，形似鹿角，显得强劲而矫健。挺拔秀丽的大树或丛林式造型常采用鹿角枝。

3. 飘枝

飘枝主脉清晰，曲屈变化而流畅，出托后一般略向下延伸飘长，枝形苍劲舒展，潇洒飘逸，为造型中伸展较长的枝托，动感强。气势雄伟的直干大树常采用飘枝。

飘长较明显的飘枝也称大飘枝，动感更强。飘枝也常用于斜干树形。逆向延伸以平衡树势者称拖枝。

鹿角枝　　　　　　　　　　　　飘枝

4. 跌枝

跌枝是动感强烈，表现险峻的"特写"枝形。出托位置较高，出托后经短促向上过渡，即以锐角向下跌宕，但不同于松树的跌枝。松树跌枝一般出托即

跌枝

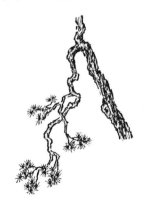

松树跌枝

以锐角跌下，而杂木树跌枝有折断下跌之感，跌势骤急，流畅奔放。跌枝常与高耸飘斜或写意造型配合。也有人把跌势较缓的跌枝称为泻枝、探枝。

5. 垂枝

垂枝是一种下垂的枝形，源于自然界的柳树。其枝形自然柔顺，妩媚轻盈，多采用缚扎方法进行造型。另一种藤蔓式造型的垂枝则比较粗放，与歪脖子槐树枝托枝形相似，动感中别具力度，是独具特色的造型技法。也可将藤蔓式造型的垂枝理解为蟹爪枝的延伸。蟹爪枝是中国画中树木的常用枝形，虽下垂但坚劲有力，有萧瑟而苍劲之感。

垂枝

垂柳式垂枝

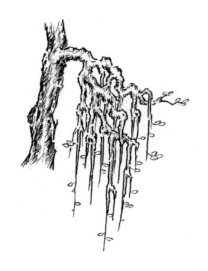

藤蔓式垂枝

中国画中的蟹爪枝

6. 风吹枝

风吹枝是表现风吹树木的动势"特写"枝形，所有受风面的枝条受风力劲吹，均弯曲着向顺风方向横飘，形成一种强烈的动感。制作时注意要有抗争感，出枝后第一节要呈逆势。

7. 平展枝

平展枝是出托后走向比较平稳舒展的枝形，一般用于直干、高干矫健树形。

风吹枝　　　　　　　　　　　　平展枝

8. 回旋枝

回旋枝主要是指出托后呈回旋状扭转方向的枝条，多用于调整顶心枝或补位。有些出托一节后以硬角转折逆向生长的枝托则称为逆枝，多用于悬崖式造型，主要是配合增强主枝干的强劲动感。

回旋枝　　　　　　　　　　　　逆枝

9. 风车枝

风车枝也叫车轮枝，是由同一水平点长出的多条枝托。自然界中松树多见风车枝，杂木树除红棉等个别树种外，大都是互生或对生枝托，仅少数为对生枝托，所以除非制作木棉格或松格造型，一般风车枝被视为不良枝形，要截除多余枝托。

风车枝

10. 舍利枝

舍利枝是枝托枯死残留，或造型需要将枝条去皮雕刻，以增强老气沧桑之感。所谓舍利，即白骨感，有时无用的某一枝托也可加工成舍利。这种枝形多出现在柏树盆景造型中，杂木盆景较少应用。

11. 点缀枝

点缀枝也称点枝，是很小乃至点状的枝托，常用于填补枝干上的空白，或用于遮掩枝托上某一缺陷。

舍利枝

点缀枝

12. 其他枝形

除上述外，还有一些原有规则式造型的枝形，如云片式枝、平枝、滚枝等，以及某些带个人风格的创意枝形。

当前，习惯上还有一种称为自然枝的枝形。自然枝是顺乎树木自然生长的枝托，并没固定枝形。从广义上说，上述所列举的常用枝形，都是以自然界树木为蓝本提炼出来的不同枝形，都属于自然枝的范畴；而现在人们所说的自然枝，其形态比较接近鹿角枝，只是没有过多具体规范要求和修饰，自然随意，清新而流畅，以满足多种树木的造型形式的需要。而某些全无章法，任其自然生长，或标新立异，有悖自然规律的所谓某某枝形，则无技法可言。

（三）不良枝托的处理

在杂木盆景造型制作中，从一开始对素材进行分析到培植过程中每一阶段，都要及时对不利于造型的不良或无用枝托进行剪除清理或调整。这些不良枝托主要有以下几种。

（1）平行枝。平行枝是树干同侧相邻出现同轴线水平平行的枝托，可以截去其中一条或矫正走向。

（2）重叠枝。重叠枝是杂乱交叉、互相遮掩的枝托，可予以攀扎调整走向，或按造型要求截留。

平行枝

重叠枝

（3）对称枝。对称枝也称对门枝或扁担枝，是树干同一水平左右对生的枝托，可截去其中一条或调整走向。

对称枝

（4）顶心枝。顶心枝是树干正前方向前生长的枝托，有顶心刺眼之嫌，一般截去不留，也可调整成回旋枝。

（5）腋枝。腋枝是在主干和主枝托交接处下方或主干弯曲凹位长出的枝托，应剪除。

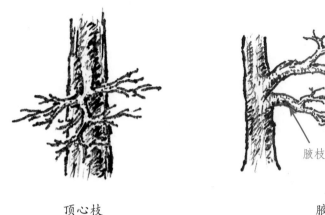

顶心枝　　　　　　　　　　　　　腋枝

（6）背枝。背枝也称脊枝、立枝，是水平或横斜的主枝托上背上垂直向上生长的枝托，而下方垂直向下生长的则叫腹枝。背枝和腹枝可在半木质化前缚扎调整方向，难以调整的应剪除。

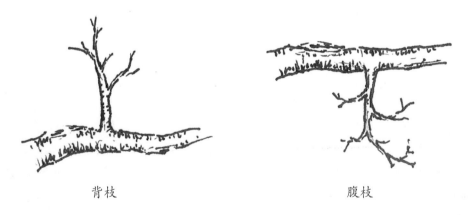

背枝　　　　　　　　　　　　　　腹枝

（7）丫杈枝。丫杈枝是指主脉出托后分成两条大小相同，呈丫杈形的枝托，可把其中一条截去，或截短做成分级枝。

（8）切干枝。切干枝是指从正面横过主干的枝托，既切断树气又不美观，应截除。

丫杈枝

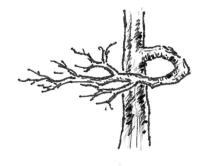

切干枝

此外，还有鸭嗉枝、束腰枝，以及内膛弱枝和病虫枝等。

鸭嗉枝

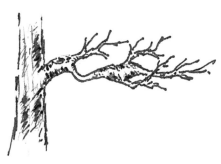

束腰枝

上述这些不良枝托，不论是截干初期还是培植制作过程，都要及时考虑调整，决定去留，以免消耗养分，干扰制作思路。

在同一造型布局中，枝托必须协调一致，除了某些大写意或"特写"夸张需要外，同一棵树的枝形应当统一。如果在一棵应用鸡爪枝的苍劲大树中，冒出一条柔顺垂枝或风吹枝，就会显得不协调，甚至格格不入，不伦不类。这种情况时会出现，或许有人认为这是创意，但如有悖树木生长的自然规律，背离了盆景艺术的特质，何谈创意。就算大飘枝刚劲飘逸，能增强动感，但也并不是任何树形都可做出一条大飘枝；如勉强为之，则可能弄巧成拙。

三、蓄枝截干制作技艺

在杂木盆景制作技艺上，岭南盆景的蓄枝截干技艺是被广泛认可和受人喜爱的制作方法。

（一）蓄枝截干操作法

蓄枝截干，包括蓄枝和截干两个制作环节。

一般从小苗培植或从山野挖掘的树桩，其主干都不可能完全符合造型要求，在盆景制作开始，首先就是把主干上端不理想的那一段截（锯）去（要截到恰到好处），留取理想的那一段，这就是截干。

截干前，先要对桩材进行仔细观察，包括对根盘、隆基、干形走向等进行分析、构思，做出综合判断，充分保留、强化其优点，以确定干形树格。可打腹稿或绘制预期效果图，从而选定最佳观赏面，这一点非常重要。截干后只能按预期的选定的最佳观赏面的造型方案进行创作。如判断不当，可能浪费素材；若中途又想改变方案，则会前功尽弃，甚至无法补救。

在截干同时，对不符合要求的素材枝托也同时截去。若所有枝托都不合适，全部截去，只留树干，岭南盆景称此做法为"打棍"。截干时应考虑日后的培育生长，对原生枝托（嫁妆托）反复推敲，可用的尽量保留，以缩短成型时间，也减少干身疤痕。

截干的位置要选在截口上端长有侧枝的位置。没有侧枝的，除一些不定芽萌发性强的树种，如紫薇、榆树等之外，其他树种应留有相应芽头或芽眼，以期日后萌发长成侧枝代干。

截干后对所留侧枝根据造型要求进行攀扎，调整走向，并用心培植，促其尽快生长。这种对侧枝定向培育，让它延伸做成第二段主干，也就是以侧代干的培育过程，就是所谓的蓄枝。等到侧枝长到相当于预期主干粗度的1/2~2/3，

可延伸作为主干时，就要再按造型要求，保留
能作为延伸主干的理想一段，上端再次截去，
再度攀扎，重新定向培植侧枝上的分枝或新芽，
让其再延伸代干，同时对主枝托进行截蓄……
如此反复操作，直至主干完全达到预期的造型
要求。上述这种循环"截"和"蓄"的制作方法，
就是岭南盆景蓄枝截干技艺。

截干前原桩素材

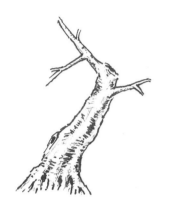

原桩初次截桩

攀扎侧枝

调整侧枝走向

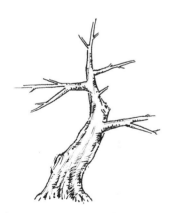

培育侧枝（蓄枝）

再次截干

再攀扎侧枝、枝托

再次蓄养　　　　　　　　　　　主干基本到位

（二）蓄枝截干在枝托造型上的应用

蓄枝截干技艺除应用在主干的造型上之外，也可应用在培育枝托的造型制作上。不论是原桩的嫁妆托，还是新萌发培育的枝托，都严格按照对自然界大树浓缩写实的要求，结合融入作者的理解，以脉络状结构延伸布局，通过反复"截"和"蓄"，表现线条美和结构美。首先，在主干上选定出托位置的主枝托或新萌发新枝，经调整好方向并培育至基本达到预期设计时，就要及时选取理想的节段，像制作主干的方法一样进行截枝，较小的枝托或分级枝则可以用剪代截，只留取理想的那一节，同时预留侧枝或芽眼，培育蓄养，以侧代主，再剪再蓄，先蓄后剪，有剪有蓄，依此类推，周而复始，反复操作，使主枝（主脉）和分级枝（次脉、细脉）经不断蓄、剪，以脉络状逐级延伸，直至分级枝成为细小枝梢。此时只需继续用剪的方法，每枝一分为二，形成小枝横角。小枝横角越来越密，簇状成片。这样，从主干、主枝、分级枝到小枝横角，都按蓄枝截干方法培育制作，主干就会一段比一段小，向上变化收尖过渡，而枝托则由粗到细，自然分级，分节段变化延伸，到了一定时日，就可形成形态

培育顶梢及分级枝

作品成型

愈合的截口

各异、比例协调、线条清晰、枝多节密、疏密有致、缩龙成寸的成熟杂木盆景作品。最终成功的作品完成后，不论哪一段、哪一枝、哪一节，分离出来都可单独成树，而截口也会随着皮层的增生愈合，逐渐形成马眼或完全愈合，既具自然美感，也初显盆龄年功，这也是蓄枝截干技艺独特之处和魅力所在。

（三）蓄枝截干操作原则

蓄枝截干并非光是蓄和截，而是必须结合攀扎，调整枝托方向，以加速成型时间。在具体操作中，应本着"蓄枝截干，先蓄后截，以蓄为主，剪扎结合，先扎后剪，以剪为主"的原则。

以蓄为主，就是蓄枝不能急于求成，一定要蓄养到位，即养到预期粗度的1/2~2/3，特别是枝托的第一节，不能过小。如第一节过小，截后因增粗较难，会造成节段或枝和干比例失调，导致老树嫩枝；但也不能过大，若养至实际预期粗度再截，则截后因蓄养侧枝还会增粗，同样导致比例失调。因此，要掌握好火候，恰到好处。如经验不足，一时心中无数，则宁可偏细。因为节段或枝托比例过大，会更难看，且无法补救。

剪扎结合，就是不能光剪不扎。自然界树木会受多种外力因素影响，产生不同弯曲变化，而杂木一般出枝多为硬直，如单靠剪截不加攀扎调整，难以按作者的构思要求生长，也无法达到自然美的预期效果，所以必须不断对有用的

强拉拿弯

破干

破干拿弯

新生枝进行攀扎，对枝条走向进行调整。杂木树种木质不像松柏类那么柔韧，枝条木质化后就较难弯曲，力度稍大容易造成折断，所以攀扎调整要尽量在其木质化前进行。

岭南盆景对枝条弯曲变化的办法很多。对一些韧性好的树种，对较粗枝干可采用强顶强拉，如用花篮螺丝慢慢收拢（此法较为安全），也可使用破干钳等破干或切口矫形固定等办法，但一定要用棕绳或电工胶布把受力部分紧密缠扎，并注意用力适度，防止折断。对粗细不同的枝条要采取相应粗细的金属线攀扎，由粗到细，由里向外，定向调整，拿弯定型，养粗后再行剪截，分段进行。金属丝要贴紧枝干，以45°角螺旋缠绕，缠绕方向要和旋转拿弯方向相一致：向右旋拿弯的枝条顺时针方向绕，向左旋拿弯的枝条逆时针方向绕。枝条攀扎调整愈多，脉络线条变化也愈丰富，作品的美感愈强，品位愈高。此外，如果攀扎曲屈角度到位，就可以代替逐节剪截的做法，适当"偷工"，特别是对一些生长缓慢的树种，或是生长期较短的地区，可以适当增加攀扎的分量，以有效缩短作品成型时间。

切口

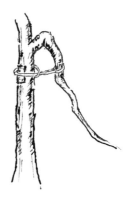

切口拿弯

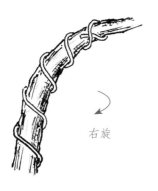

右旋

向右拿弯

左旋

向左拿弯

四、杂木盆景根的造型

（一）树木的根系和根盘

　　根系是树木生长发育的基础，根系吸收土壤中的水分和矿物质等，满足树木生长发育的需要。同时，根系在基部汇集形成根盘，根盘向主干过渡形成隆基。根盘和隆基构成了树木的根基，起到支撑、稳定树木的作用。

　　杂木盆景对根基，尤其是根盘的造型比较讲究。根是造型的基础，是树木根基的根本所在。根盘美是杂木盆景主要鉴赏要素之一，它决定了盆树的稳定感、年代感、盆龄年功、表现力感和自然野趣。

　　树木的根系可分为直根性和侧根性两类。直根性树木主根粗大，连接干身，垂直生长，侧根较少，如唐枫、紫藤等。侧根性树木主根不明显，侧根的生长方向不一，其根系有水平状根系（如榕树）、斜出状根系（如赤楠、对节白蜡）、下垂状根系（如板栗）、网状根系（即棉花根，如杜鹃）之分。有些树种，如榕、紫薇等，根系及愈合组织极其发达，会自然粘连成板根，乃至形成隆基

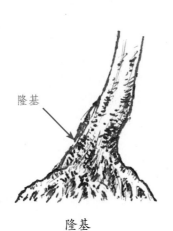

隆基

直根性根系

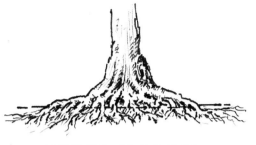

侧根性根系（水平状根系）

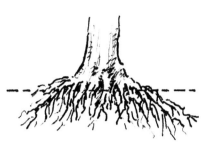

侧根性根系（斜出状根系）

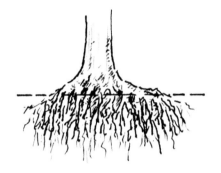

侧根性根系（下垂状根系）

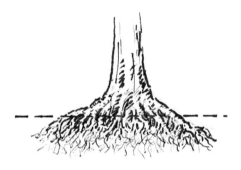

侧根性根系（网状根系）

或连根丛林多干。值得一提的是，榕树还有气根、蔓根、块根，根盘硕壮突出。根的变化和美感往往成为杂木盆景造型的亮点，不见根基的树干俗称"插木"，属于重大缺陷。根盘美不美，根基扎不扎实，对整体造型至关重要。选择和培育优秀根基是杂木盆景造型的关键，这一点必须引起重视。

榕树气根（《雨林》，黄丰收作）

榕树蔓根（《落叶归根》，何华国作）

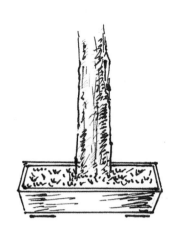

榕树块根（榕树，《藕断丝连》，何华国作）　　缺乏根盘的"插木"

（二）杂木盆景根的造型要点

　　杂木盆景的根盘要求跟主干的走势相协调，如直干、曲干型粗根应分级向四方延伸，左右比前后长；斜干型应有顺向撑根和逆向拖根；悬崖型要有偏根入地，且有力紧抓泥面，有"咬定青山不放松"之势。根盘整体上要裸露或半裸露于泥面，粗根清晰，分级交错而略有起伏延伸。现实中很难找到根盘完美的桩头，必须从截桩开始就注意根的造型和根盘的塑造，对走势不佳的根可以牵引矫正；难以调整而不理想的根，如重叠根、交叉根、向上斜出或垂直向下的根，以及出位高又硬直老化的根，应及时截除。根的截口应斜向朝下，并修削平滑，以防止烂根，也有利于促发新根。对过长的粗根可在翻盆换土时酌情截短，促发催生二级分根，并清除伤根、腐根、老化根。平时还要拨开根系上面的表土（俗称"晒根"），这样能使根较快增粗。对造型所需的气根、蔓根也要按预期效果，进行攀扎调整，修剪整形。

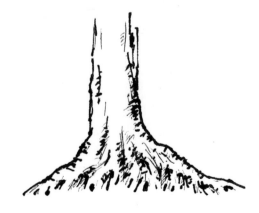

直干型大树根盘

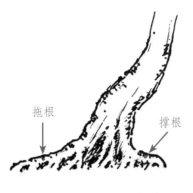

斜干型大树根盘

悬崖型树根盘

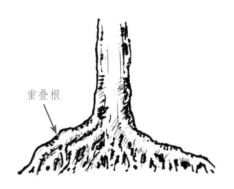

重叠根

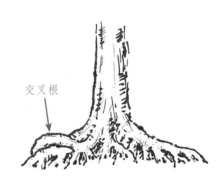

交叉根

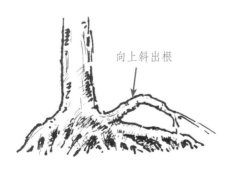

向上斜出根

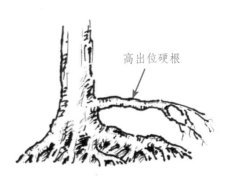

出位过高的硬根

根截口面朝向

对气根攀扎修剪

有些不良根盘，如干形可以，则可采用不同办法补救。如单边根或局部缺根，可用嫁接补根。人字根，或无法嫁接的单边根、窄脚根盘，则可采取在空位配石或填土铺青苔等方法弥补。

左边缺根

左边缺根，嫁接小树16年后的根盘

左边缺根，嫁接小树

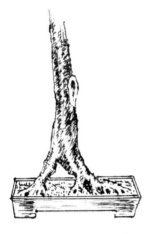
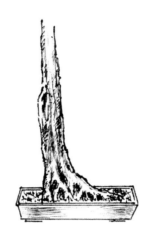

人字根　　　　　　　无法嫁接的单边根　　　　　　窄脚根基

　　隆基要求呈锥形，过渡自然协调，并非越大越好。如过大或收尖过急，也会给人比例失调之感。在视觉上，隆基和树干忌太过圆滑肥硕，以有"坑稔"（纵向棱突）、"肌肉"感，并扭旋向上延伸者为佳。

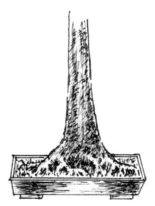

根盘过大　　　　　　　根盘圆滑肥硕　　　　　　"坑稔"（纵向棱突）
　　　　　　　　　　　　　　　　　　　　　　　明显的隆基

五、杂木盆景的养护

杂木盆景树种多种多样，不同树种生长特性差异很大，如：杜鹃喜偏酸性土壤，石榴则喜偏碱性土壤；黄杨喜偏阴，紫薇喜强阳；赤楠喜湿润，九里香喜干爽。假如在培植和养护中，没有很好地了解并顺从不同树种自身的生长特征，采取针对性的科学培植方法，而老停留在泛泛的粗放管理层面，就难免会有各种各样的问题出现。如在用土、浇水、施肥、修剪、换土、病虫害防治，乃至装卸运输等环节操作失当，均可能导致失枝、烂根、偏枯而影响造型，甚至前功尽弃。

（一）育桩养胚

不论是山采还是小苗培育的桩头，开始造型时就要进行裁截，确定造型形式和最佳观赏面，然后进入育桩养胚阶段。

育桩养胚的主要目的是"养"。在确保成活的前提下，促生根系，使桩头根系发达，生长正常，树势旺盛，尽快培育截干后的延伸侧枝和主枝托，塑造初始架构。育桩养胚时间要根据树种、桩形、生长状况和作者的预期效果而定，可为两三年或更长。但无论时间长短，都要注意如下要点。

（1）挖掘野桩或移植裁桩一定要选好季节。一般在春季树木萌发前，树液开始涌动时为宜。断根后要及时栽种，防止失水，削平并消毒粗根截面，封好枝干截口。

（2）育桩必须选好培育土。可用有机质和杂质很少的疏松素土，如粗砂加山泥、煤渣，有条件的可用赤玉土加硐心砂、火山土，并务必贴实根部不留空隙。桩头发芽后也不要急于施肥，待长势好，枝叶较多时才可稍施点肥，或加入一些营养土，之后逐步增加施肥量。

（3）垒高栽培。底层垫上一定厚度的粗砂或煤渣等，目的是有利于疏水，也可避免视觉带来的造型偏差，如能垒高至平视线，造型就会更准确。垒高的办法既可起畦地栽，也可用塑胶板、木箱或砌砖围起。

（4）第一年尽量不要修剪。第一年任其疯长，拉动根系，促使其生长旺盛。

（5）栽桩初期要适当遮阴。保持土壤湿润，以利发根，但切不可过湿；可经常向叶面喷水。盛夏要防暴晒，冬天要防冻。

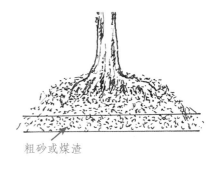

粗砂或煤渣

起畦地栽（底层垫粗沙或煤渣）

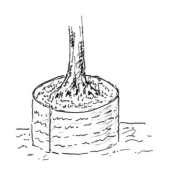

围塑胶板地栽

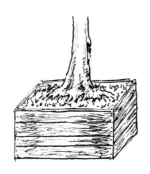

围木箱栽培

砌砖地栽

（二）杂木盆景的日常养护

盆景是有生命的艺术作品，要保证盆景作品尽快成型和延续其艺术生命，只有认真科学地做好养护管理工作才能实现。俗话说："三分种，七分养。"这个"养"，就是日常的养护管理，包括浇水、施肥、修剪、翻盆换土和病虫害防治等方面。

1. 浇水

自然界植物离不开水，水是生长第一要素。在日常养护管理中，浇水是最重要环节，缺水或积水都会直接影响树木的生长。盆土过干会造成失水，表现为叶片卷曲或下垂，叶色泛黄，落叶，部分根须干死；盆土长期过湿，则会导致土壤缺氧、叶色无光泽、叶尖枯黄、落叶、闷根烂根，失枝乃至死亡。盆景界有"浇水三年"的说法，意思是学会浇水要3年的时间，说明浇水其实没想像中的那么简单。有不少培育盆景多年的爱好者，还经常在浇水上出大问题，包括作者本人，有时一时疏忽就出问题，所以必须引起重视。根据树木品种、生长特性、季节气候、盆钵大小深浅，以及盆土质地等情况，本着辩证和严谨的态度，认真细致区别对待，并在实践中不断总结经验，摸索出一套浇水方法。

不同树种，浇水次数不同。木质松疏、叶片大、叶面粗糙、叶量多，或耐阴喜湿的树种，应相对多浇；叶小、革质、叶片稀少、新上盆或树势不旺的盆树，可相对少浇。不同季节、不同生长期，浇水次数也不同。除雨天外，春季（萌发期）和干燥的秋季，每天基本都要浇一次水；夏季（生长旺盛期），气温高，树木生长快，盆土蒸发大，一般早上和傍晚应各浇一次（避开中午最高温时段浇）；冬季（休眠期）保持盆土偏干，无须天天浇水。小盆浅盆则不论次数，见干即要浇；微型盆景可放置在湿沙床上，经常喷水。花果类树木，生长期及开花结果期可多浇；花芽分化期要少浇或控水催花；挂果初期及成熟期则需适中，保持土壤湿润即可，水分过多易造成掉果或裂果。

每次浇水一定要注意浇透，防止浇"半截水"。所谓"半截水"，是指盆土只浇湿上层一半，下层的盆土还是干的。例如：短时间小雨微微雨，盆土只淋湿表层，特别是树冠茂密的盆树，像一把伞把雨水遮住，表土似乎湿透，其实下层的土还是干的。有的盆土板结，水渗得很快，通过盆壁的空隙很快从排水孔流出，土团中间还是干的。盆土过干，会像干面粉一样，水难渗透，特别是盆面铺了青苔的，一般会经常喷水保苔，造成表土很湿，但中下层仍是干的。盆土过干，部分根系会失水枯死，影响盆树生长，导致树势衰弱乃至失枝。所以，要时时注意，不能等到盆土完全干透才浇水，"见干见湿，不干不浇"的提法是不全面的。平时可以用竹片或螺丝刀拨开表土，观察盆土干湿程度和渗水情况，避免出现"半截水"或"积水"情况。另外，如用水管直接冲浇，水流大，很快从盆面溢出，既浪费水，也会因冲压而加快盆土板结。最好是用花洒头浇洒，且来回浇洒两次以上。

在盛夏高温期，露天水管中的水温可超过 60℃，浇水时应先把水管中的热水排去，以免灼伤根系。至于水质，当然最好是雨水、泉水、河水、井水等天然水质。其实，一般用自来水直接浇洒是可以的。有人说将自来水放置一天后再浇，这需要有储存和加压条件，一般也没太大必要。只是在自来水水质比较硬的地区，如直接浇自来水，每月可根据树种对土壤酸碱度的要求，酌情加浇一两次硫酸亚铁。

2. 施肥

肥料是植物主要的养分来源，肥料供给植物营养，就像粮食对于人一样重要。盆栽树木因盆土有限，要保证其生长正常，除了其他因素之外，及时适量、科学合理地施肥是一个关键环节。如果施肥过多，则叶片大，叶缘卷起，枝条及节间徒长，树形难以控制，严重时造成树液倒流，烂根而致残致死；如果缺肥，则叶片变黄变小，变薄，嫩芽尖端枯黄，老弱枝退缩，树势减弱，病虫害乘虚而入。

植物所需的主要肥料是氮、磷、钾三大元素，以及镁、锌等多种中量或微量元素。碳、氢、氧等可以从土壤、空气、水分中得到补充，氮、磷、钾则需要人工供给。其中，氮肥有助于长叶，促叶茂色艳；磷肥促开花结果；钾肥则促枝茎健韧，根系发达，增强抗病能力。

肥料有有机肥和无机肥之分。有机肥主要是腐殖质，也叫农家肥，包括禽畜粪、蛋壳、鱼精肥、饼肥、草木灰、堆肥、绿肥等。有机肥肥效缓和，能疏松改良土质，是首选的肥料。它既可在换土时做基肥，也可做追肥。无机肥主要是人工合成肥料，通常叫化肥，品种很多，如尿素、过磷酸钾、硫酸亚铁等。化肥因无臭味，见效快，使用方便，常在家庭种植中使用，特别是长效复合肥，既方便又安全。但化肥分解后产生的酸根和盐基会影响土壤酸碱平衡，且易造成板结，不宜长期单独使用。施肥应以有机肥为主，有机肥与化肥交替使用。

施肥根据施用时期，有基肥和追肥之分。基肥是结合换土，将肥料垫于底层或少量拌入泥土中。追肥就是上盆后日常所进行的肥料补给。这里所讲的施肥，主要就是指追肥。施肥应坚持薄肥勤施的原则，区别不同树种、树势，根据不同季节气候和不同土质，做到适时适量，科学合理。

（1）根据盆树的生长情况和观赏需要，合理施肥。如刚移植的新桩，或刚翻过盆，宜用素土，不得施肥。如急于施肥，会影响发根，甚至导致烂根。不缺肥但树势较弱的盆树，除病虫害所致外，多为根系发育不良所致，如贸然施肥过多，容易造成烂根；相反，树势旺盛，对肥料的需求大，处于培育期的盆树，可多施。一般盆树在春秋季萌发前，花果类在孕蕾、坐果期，观花类在花后，应及时追肥，这就是所谓的"促芽肥""坐果肥""谢花肥"。

花果类树种，如石榴、海棠、紫薇等，除春季萌发期外，为促使其开花结果，应以磷钾肥为主；而黄杨、赤楠、榆、朴等观叶为主的树种，则以氮肥为主辅以磷钾肥。对一些盆龄特别长的老树桩，要特别注意肥分的均衡补充。对某些酸碱度敏感的树种，如喜酸的杜鹃，可在生长期定期施以硫酸亚铁，以平衡土壤酸碱度。

（2）根据不同季节和气候，科学施肥。春末夏初是盆树生长旺盛期，必须多施，冬季休眠应停施。但秋后入冬前可适量施用一次磷钾肥，以利于积蓄养分，孕育花蕾叶芽，度过寒冬。

施肥一般宜在阴天、土壤偏干、傍晚时进行。长时间阴雨天，天气预报有雨之前，以及夏季高温期应暂停施肥。长期阴雨或气温过高时施肥容易伤根，大雨前施肥则肥料流失。

（3）坚持薄肥勤施的原则，忌施浓肥、生肥、重肥。夏季气温较高，蒸发快，肥料要比日常稀释得更稀些，以防伤根。

（4）施肥注意事项。施肥前清除盆面杂草、松松表土。杂草既与盆树争夺养分，也助病虫害发生。有机肥一定要沤透沤熟，忌用生肥。有条件的可把肥料装入肥料盒中，通过浇水缓释肥分，俗称"置肥"。施肥时不要洒到幼芽或嫩叶上。若进行叶面喷施，则应选用叶面肥，且宜淡勿浓。施肥后第二天要浇透水，俗称"回水"，以防肥料伤根。

肥料装在肥料盒内，经浇水缓释肥分

3. 修剪

修剪是杂木盆景造型的重要环节。如果不及时修剪，任其自然生长，则枝条杂乱，养分分散，预期枝托难长到位，无法成型；而修剪方法不对，该剪的不剪，该留的不留，也不可能达到预期效果。只有在生长过程中，不断按预期设计要求反复进行修剪整形，均衡树势，有目的地调整，才能逐年上升品格，逐步接近预期目标，最终成型成熟。日常养护中的修剪，应根据树种树性、长势，结合季节气候变化情况，采用修枝、摘（抹）叶、摘心等方法。

（1）修枝。修枝包括剪去病虫枝、过弱内膛枝，并按原定造型方案和枝托造型要求，剪去徒长枝、重叠枝、交叉枝等不良枝条，以及造型无用的枝条。对一些过密而影响通风透气或阻碍透视效果的枝爪也加以清除，保护培育既定枝干，营造穿插掩映、疏密有致的枝干布局。

修枝是一项经常性的工作，一般在盆树生长旺盛期都可进行。修剪次数根据不同树种和生长情况而定。一些耐修剪树种，一年可进行多次。生长较快的，如朴树、三角梅等，每月都可修剪。但必须注意几个要点：一是缩剪的枝条一定要促旺。弱枝剪短后容易老化，有些树种（如山橘、榕树、金弹子等），弱枝剪的季节不对，剪后枝条虽没枯萎退缩，但经一两年都发不了芽。二是盛夏高温期水分蒸发太快，尽量少修剪。开花挂果的树种，应在谢花摘果后修剪，花果前只能微调整形。落叶树，如朴、榆等，重剪宜在晚冬初春萌发前；如在冬季落叶前后过早修剪，剪枝会因休眠时间过久而失水，小枝容易枯退。三是主枝托（干）的缩剪一定要有耐心，不能急于求成，一般要达到预期的1/2~2/3。对其侧枝培育，还可利用牺牲枝帮助拉粗。

（2）摘（抹）芽。盆树经修剪后，会长出许多腋芽或不定芽，如任其生长，枝叶过多，养分分散，树形杂乱，那么该留的新芽得不到保护，甚至会过弱退缩。有时一个节点长出多个芽头，则会使该节点长得太粗，有碍美感。因此，必须根据造型需要，对无用的芽头一律摘（抹）除。有些树势较弱的，可先加强肥水管理，蓄养树势，然后再行摘芽。雀梅、三角枫、朴、榆等萌发力强的树种，则应不论何时，随时注意摘（抹）芽。

（3）摘心。摘心其实也是摘芽，不过是指摘除枝梢的顶芽，目的是控制枝条的伸长和促生侧枝。摘心后枝条养分聚蓄，可激发萌生侧芽或不定芽头，对某些侧枝过少的枝托，可摘心促发侧枝，这就是逼芽的方法。较长的枝条一般采用缩剪枝梢的办法代替摘心。在树冠稳定的情况下，摘心则成为保形的措施，在整个生长期都可进行。

（4）摘叶。摘叶是杂木盆景，特别是落叶树种造型的有效方法。所谓摘叶，就是修剪前后把叶片全部摘去。修剪前摘叶可暴露枝托，清晰的骨架一目了然，便于修剪；修剪后摘叶是岭南盆景"脱衣换锦"时观赏寒枝的独特表现手法，大多应用在成型盆景。此外，摘叶可促进新陈代谢，促发新枝，一般摘叶后半个月左右就会萌发新芽。但因其消耗养分大，一年中摘叶次数不宜过多，以免伤及树势。摘叶前半个月，应避开盛夏高温期施肥促旺。常绿树入秋后一般不再摘叶，以免缩枝。摘叶后身干裸露，在高温期要防止暴晒灼伤皮层，特别是对枝干大面积暴露的地方，必须予以适当遮阴，这一点很重要，作者交了不少学费。

4. 翻盆换土

盆树上盆后，盆中土壤有限，时间一长，根系会密集交错于盆底和盆钵四周，缠绕成毯状，因拥挤压迫而出现腐根，盆土会因浇水施肥而酸化，且逐渐板结，保水保肥及透气性减弱，新根生长困难，影响盆树生长，故应及时翻盆换土。如因盆树长粗，或设计上原因，盆钵不够协调，则应同时换盆。

翻盆换土一般在盆树休眠将醒，树液涌动，萌芽之前，可在立春至清明，结合重剪整形进行，但也必须考虑树种和地域差异，区别对待。翻盆换土前要少浇水，让盆土偏干。如为小浅盆，稍加摇动或轻敲盆壁就可使土团分离，直接取出盆树；中大盆，则可将盆壁附近的盆土挖开，使土团与盆钵分离，就可将盆树和土团一起取出。用竹片或扁头螺丝刀剔除一半以上旧土，同时进行修根，结合修剪枝叶整形，尽量保持枝叶和根对应平衡，并消毒根团。然后清洗盆钵，垫好排水孔，按"底层粗、中层细、表层粗"的原则加入新泥。填土时务必用竹片插入摇动，使新土紧贴根系，不留空隙。上完盆后连续灌浇两三次定根水。成型的盆树可在盆面加上少量菜园泥，并铺上青苔，以增加野趣，也便于浇水。最后把盆树暂时放置到通风遮阴处，待新芽萌发后再进入常规管理。

至于翻盆换土的期限，可以根据树种、盆树长势和盆土具体情况，如盆土透水透气性能、盆钵大小深浅、盆树养分需求等，灵活掌握。一般来说，杂木盆景要比松柏盆景翻盆要更勤，特别是花果类，一两年就应翻盆换土一次。

中大盆盆景翻盆时可先挖开盆壁附近的土　　　　从盆中取出盆树和土团

5. 病虫害防治

盆栽植物发生病虫害的原因既有管理欠缺，树势衰弱，病虫害乘虚而入，也有周围环境条件欠佳，病菌、害虫入侵。杂木盆景的病虫害较多，稍不小心就可能造成不必要的损失。对待病虫害必须本着"以防为主，早防早治"的原则，定期采取预防措施。在每年4~6月病虫害较多的季节，每月喷施一次以上灭菌和杀虫药物，预防病虫害的发生。在日常养护管理中，结合每天浇水，细心观察，及时发现病虫害苗头，尽早将其灭除，避免蔓延成害。

盆树的病虫害除了诸如用土或水肥失当，树种自身地域性的水土不服，以及摆设环境不适宜等管理上因素导致的生理性病变之外，主要是由真菌、细菌、病毒入侵的病害，以及寄生性害虫为主的虫害，在防治上要区别病害与虫害，并采用不同的药物。

杀菌类药物基本都是广谱药，如甲基硫菌灵（甲基托布津）、多菌灵、百菌清、波尔多液、敌磺钠（敌克松）等。杀虫类则既有触杀和内吸毒杀的广谱药，也有针对某种害虫的特效药。传统的广谱杀虫农药有4种。

（1）敌百虫。高效低毒杀虫剂，对毛毛虫、尺蠖、蚜虫、卷叶虫等多种害虫具有强烈的胃毒杀和触杀作用。粉剂用1000倍液。

（2）敌敌畏。毒性较强，易挥发，残留期短，对一般害虫都有胃毒和触杀作用。敌敌畏剂型为不同浓度的乳油，如50%乳油可稀释1000~1500倍。可与乐果混用。

（3）乐果。高效低毒杀虫药，而氧乐果则具有强烈的渗透内吸性，其毒性随温度的升高而增强。适应于多种虫害，特别是对刺吸口器和啃嚼口器害虫，防治效果很好。除碱性药剂外，可与一般杀菌剂和杀虫剂混用。

（4）杀扑磷（速扑杀）。具有胃毒、触杀、内渗作用，毒性强，对多种刺吸性、啃叶性、钻蛀性、潜道卷叶害虫，尤其是对介壳虫有明显的防治效果。使用时稀释1500倍。

此外，还有一些针对性很强的特效杀虫药，如针对红蜘蛛的三氯杀螨醇，针对介壳虫的高渗氧乐果（蚧死净），针对潜叶蛾的阿维菌素。

防治病虫害的药物很多，在使用时一定要到正规农药店购买，保证质量，注意其保质期和使用说明。严格按分量调配，过稀无效，而过浓会引起药害。同类药品要有多种交替使用，以免出现耐药性。

下面介绍4种常见的病害诊治方法。

（1）白粉病。白粉病主要是受白粉菌丝侵害所致，多见于紫薇、朴树、三角梅等。发病盆树的枝叶均长出泛白色或淡灰色粉状霉层，之后叶片皱缩，嫩枝扭曲畸形，花芽叶芽萎缩，植株光合作用受阻，树势衰弱，甚至枯缩。病因主要是环境湿闷，养分比例失调，或盆土长期过湿。白粉病的预防，应在春末夏初喷洒1~3次杀菌药剂，保持通风透气环境，适当加施磷钾肥，疏剪过密枝叶。发病时，用56%水乳剂嘧菌·百菌清1500倍液或25%三唑

白粉病症状

酮（粉锈宁）可湿性粉剂1000倍液喷洒，用石硫合剂也能起到防治作用。

（2）叶霉病。叶霉病主要危害叶片。发病初期，下部叶片叶面出现不规则黄褐病斑，后逐渐变成黑褐色，焦脆枯裂，叶背可见灰褐色霉层。严重时蔓延至整株叶片，造成大量焦叶。发病原因多为湿度过大，或环境闷热、通风不良。叶霉病和叶枯病、叶斑病、溃疡病等都是真菌入侵所致，病情病因都差不多，对这种真菌感染的病害，应坚持以预防为主。日常养护注意保持盆树通风透光，土壤不能长期过湿。

叶霉病症状

每年春末和初秋选喷多菌灵、硫菌灵（托布津）、代森锌或波尔多液等2~3次，发现病叶及时清理并烧毁。

（3）腐根病。腐根病主要是根系受病菌侵害导致腐烂，可见叶片由尖端逐渐枯黄掉落，梢芽枯萎。由于根系腐烂而丧失吸收功能，对应部分枝条也会失水枯萎，严重时全株死亡。其原因主要是浇水过多，造成积水；施肥过量或施生肥，造成闷根或烧根，致使根腐烂；移植或翻盆修根时，截口破裂受土壤病

菌侵入，导致腐烂。如发现要及时脱盆修剪烂根，消毒盆土，重新上盆，管理上控水控肥，促使植株恢复生机。

（4）煤烟病。煤烟病也称煤污病，其症状是在叶面、叶梢上出现黑色粉层斑，有油污感，严重时覆盖整个叶面，影响光合作用，从而使盆树树势变弱，引发其他病虫害。发病原因是高温湿闷，通风不良，受多种菌丝体寄生侵害。也有的则是由蚜虫、介壳虫的油状蜜露分泌物引发。防治方法是

煤烟病症状

适当修剪，保持透光通风，休眠期喷洒石硫合剂，消灭越冬病源，并防止蚜虫、介壳虫的发生。对已发病的植株，可用65%代森锌可湿性粉剂500~800倍液或50%灭菌丹可湿性粉剂400倍液喷洒，效果很好。

下面介绍常见害虫诊治方法。

（1）介壳虫。介壳虫有多种种类，常见的有盾介壳虫和吹棉介壳虫。介壳虫通常能分泌一种白色蜡质形成外壳，吹棉蚧分泌棉絮状蜡质。介壳虫主要附着于枝叶汲取树液，使盆树枝干皮层干缩，生长不良，枝干枯死，其分泌物能堵塞叶

介壳虫

面气孔，引发煤烟病。介壳虫因有蜡壳，一般杀虫药物触杀效果不理想，可用如氧乐果等之类的内吸渗透性药物或用高渗氧化乐果（蚧死净）、矿物油（蚧螨灵）等特效药。介壳虫孵化期为1~2周，1年发生多代，要每隔7天喷1次，连续用药3次，并注意叶面叶背要同时喷透才能奏效。介壳虫发生的主要原因是光照和通风透气不良，因此必须注意疏剪和改善栽培环境。

（2）红蜘蛛。红蜘蛛也叫叶螨，其体型小，体色变化大，种类很多，分布广泛。危害方式是附着叶片，吸吮液汁，致使叶片变形，枯黄脱落。其繁殖迅速，

7天1代，危害甚广。防治红蜘蛛特效药很多，可用40%三氯杀螨醇乳油1000倍液或20%四螨嗪（螨死净）悬浮剂1500倍液、40%炔螨特（克螨特）乳油2000倍液喷杀。注意叶面叶背要均匀喷到，隔7天再喷1次，以杀灭2代幼虫。养护上注意清除盆面杂草。春季生长初期喷施一次药物预防。

红蜘蛛

（3）蚜虫。蚜虫虫体有多种，颜色各不相同，每年3~10月为繁殖期，主要群集于幼嫩枝叶芽头。用针形口吸吮汁液。其传播容易，且繁殖极快，如气温适合，4~5天就可繁殖1代，1个月会繁殖多代，危害甚广。蚜虫吸食后会分泌蜜露，

蚜虫

引来蚂蚁，诱发煤烟病。平时如发现盆面有蜜露状痕迹，说明已发生蚜虫危害。防治药物可选用50%杀螟硫磷（杀螟松）乳油1000倍液，或50%抗蚜威可湿性粉剂3000倍液，或40%乐果乳油1000倍液喷杀。一般广谱杀虫药剂都能奏效，但有的蚜虫能分泌蜡质形成保护层，必须使用内吸性药剂，或在农药中加入洗衣粉，以增加附着渗透力。

（4）天牛。天牛种类不少，以星天牛最为常见。1~2年繁殖1代，以幼虫寄生于树干中越冬。初孵幼虫在树皮下盘旋蛀食，再蛀入树干，啃食挖空而形成蛹道，并在其中化蛹。成虫于5月中下旬开始羽化飞出，并以嫩枝嫩叶为食，也常

天牛（成虫）

环形啃食树皮，造成枝干水线被切断而整枝枯死，对盆树危害严重。天牛的防治，重点在5~7月间早晚注意观察，发现时及时捕杀成虫，及早杀死其虫卵或幼虫。可悬挂盛有乐果药液的敞口瓶，让药液挥发，以驱赶成虫。天牛成虫用硬颚咬破树皮产卵，并分泌黏液固定保护。如发现树干有黄豆或米粒大小的黏液泡沫，就要检查有无天牛的卵，如有应及早杀灭。天牛幼虫蛀入树干会有洞口，并有木屑状排泄物排出，一旦发现，可立即查找洞口，用40%乐果、50%敌敌畏乳

天牛（幼虫）

油100倍液滴注或用注射针筒灌入，再用棉花团塞住蛀孔，毒杀、闷杀幼虫。

（5）蓟马。蓟马是靠汲取植物叶片汁液为生的害虫，在榕树盆景中比较常见。发病叶片卷曲无法展开，枯黄掉落。蓟马多藏于卷叶中，必须选用内吸性杀虫药防治。盆栽树木可用40%氧乐果乳油1000倍液或其特效药25%噻虫嗪水分散粒剂800倍液喷洒。

蓟马

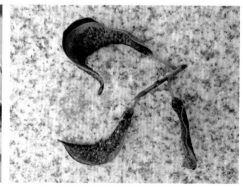

受蓟马危害叶片

（6）其他啃食叶片和枝梢的害虫主要是鳞翅目的成虫，如金龟子、蝶类的幼虫（如毛毛虫）、尺蠖等。由于它们大量啃食叶片，轻则破坏了盆树的观赏性，重则啃光全部叶片，使枝干枯萎。发生时可用50%杀螟硫磷（杀螟松）乳

油 1000 倍液或 80% 敌敌畏乳油 1200 倍液等常规广谱杀虫药喷杀幼虫。平时注意预防，及早发现并杀除越冬虫茧，诱杀驱赶金龟子及蛾蝶等，防止其产卵繁殖。

| 金龟子 | 毛毛虫 | 尺蠖 |

（三）杂木盆景成型后的养护

盆景是有生命的艺术品，盆景作品完全成熟后，制作工序没有结束，需要小心地养护管理，予以保形或改作，进一步完善，显示年功，方可传世传代。

对完全成型的盆景作品，养护的重点是维持其生命活力，避免因继续生长而变形。杂木盆景大多根系细密，叶片多，叶面大，蒸发快，有的还开花结果，因而对水分和养分的需求也相对较大。其作品成型上盆后，盆中泥土较少，根系容易挤压成团，导致发育受阻，其根须会重叠缠绕于盆底而形成草垫状，俗称"草鞋底"；或密布于盆壁四周，根团中间泥土板结，水肥保有量少，养护管理难度大。若简单地采用少浇水、少施肥、少翻盆换土的办法来控制生长，再加上修剪不当，必定造成树势持续减弱，病虫害乘虚而入，严重时就会失枝，致残乃至萎缩，正所谓盆景界常说的"功成身退"。当然，这也跟树种本身的生理特性有关。故盆景作品成熟后，必须以科学辩证的态度，针对不同树种、不同情况，分别采用相应的养护管理方法，合理浇水施肥，适时翻盆换土，及时适度修剪整形，认真处理好保健和保形的关系。

1. 保健

只有"健"，才有"形"，在日常养护管理中，除非催花需要，否则不能简单强调控水，要保持盆土湿润，既不能过湿积水，但也不能偏干或干透，"见干见湿"的浇水提法并不全面。在施肥方面，除像黄杨、赤楠等观叶树种外，一般不宜施用氮肥，可选用肥分比较全面的熟肥，如饼肥和鱼精肥等。如盆树不是因为伤根而引起的"黄弱",或在发芽前、孕蕾或开花后,可适当增加施肥量。春季发芽后要少施或不施,特别是氮肥,以免生长过快,枝条或节间过长;雨季和开花期也应少施;秋季盆树要积蓄养分,准备过冬或孕育花蕾,可多施一些磷钾肥。盛夏水分蒸发快,施肥时肥液浓度要更稀些,以防伤根;温度过高时段不要浇水施肥;有条件应对盆钵遮阴,避免盆壁受暴晒灼伤根系。

2. 保形

成型盆景的修剪目的主要是保形,要抑强扶弱,及时剪除过强枝、徒长枝,继续微调精剪,维持树势整体平衡。尽量避免内膛弱枝退缩和树冠变形。注意控制顶端优势,可适时对顶梢截短重蓄,也可盘旋弯曲、修剪压顶,以防止顶冠过长过重。

在日常养护中,不论是否参展,一年中摘叶修剪不能过频,就算极耐修剪的朴、榆、雀梅等,也不要超过4次。如发现树势过弱,应及时换大盆、木箱或下地(不修根)栽培复壮。对一些老化退缩的枝条,可重新评估,培育新枝取代或考虑改型改作。

成型作品如要送展参展,展前需整形,多数还会摘叶修剪,更换观赏盆,并经装卸、运输送展。如参展过频,盆树会过分"疲劳",元气大伤,有的几年才能复原,甚至受损致残或展后夭折。因此,对于参展评奖,应本着平常心态,视盆树状态决定参展与否,不要过于勉强。一般应提前半年做好准备,加强水肥管理,把盆树养旺。如需换盆,不要太迟。另外,装卸运输一定要请专业人士操作,防止意外伤损。如高温期需长途运输,应保持通风透气,特别不要用密封货柜,尤其是铁皮柜,以免闷伤盆树。

六、常用杂木盆景树种的养护要点

（一）九里香

九里香又名七里香、十里香、千里香、月橘、山黄皮，为芸香科九里香属常绿灌木或小乔木。属亚热带阳性树种，性喜温暖，最适宜培植温度为20~32℃，5℃以下要防冻伤，35℃以上则基本停止生长。其根系发达，生长迅速，怕湿涝，宜用富含腐殖质的砂质土壤栽培，且成型上盆后要勤翻盆换土，防止树势趋弱退枝。九里香身干健劲嶙峋，皮色清黄，枝叶秀丽，花香浓郁，果橙黄至朱红，果期长，是岭南盆景首选树种。若观果，则果后会树势骤弱，久难复原，故应以观叶观骨为主，及时摘除花蕾，保持树势旺盛。主要病虫害有介壳虫、红蜘蛛和白粉病，肥水不当时也易腐根，应注意防治。

九里香（《君子之风》，郑永泰作）

（二）福建茶

福建茶又名基及树、猫仔树，紫草科福建茶属常绿灌木。叶有大、中、小之分，浓绿而有光泽。树干嶙峋，曲屈多姿，树势飘逸。春夏开白色小花，果球形，由绿转红至酱色，以生长缓慢的小叶品种更具观赏价值。其性喜温暖湿润、半阴环境，畏寒，5℃以下要防冻。翻盆重剪宜在春末夏初。夏季要避免暴晒。福建茶以观叶为主，其叶量大，水肥必须充足。生长期每月可施一两次饼液肥，保持叶色翠绿。由于其木质比较疏松，不耐腐蚀，对较大的截口一定要小心防护。病虫害不多，主要害虫有介壳虫和红蜘蛛。

 福建茶 （劳杰林作）

（三）榆树

　　榆树又名白榆、家榆、榔榆，为榆科榆属落叶乔木。榆树性强健，喜阳光，耐寒，耐干旱，怕水湿。根系发达，不择土质，以疏松肥沃砂质土壤为佳。榆树树形苍劲古朴，常盘根错节，枝爪细密，且愈合能力很强，最宜观赏寒枝，采用"脱衣换锦"手法。浇水需"见干见湿"，偏干无妨。施肥以氮磷钾全面的饼肥为主，生长期每月一两次。榆树萌发力强，耐修剪，寿命长。其发枝既快又密，生长期要经常抹芽修剪，但重剪和翻盆修根应在冬末萌发前，避开雨天。粗枝的截口会有树液渗出，必须及时用封口胶或锡纸封密；粗根截口则要用干的素泥盖住，并控制浇水，以防流液而导致伤枝枯枝。害虫主要有食叶的蛾蝶类幼虫、天牛和介壳虫，偶有红蜘蛛危害。榆树对乐果敏感，喷后易落叶，慎用。

榆树（《浓荫深处》，孟广陵作）

（四）黄杨

黄杨又名千年矮、万年青、黄杨木、山黄杨，为黄杨科黄杨属常绿灌木或小乔木。黄杨耐阴耐寒，喜散射光，怕暴晒，喜湿润环境，宜用疏松微酸性土壤栽培。黄杨树姿优美，叶子质厚有光泽，生长慢，寿命长，不易走形，是制作杂木盆景的优良树种。但其品种繁多，生理特性有所差异，应选择适应性强的品种或经驯化的野生桩培育制作。移植、翻盆重剪宜在立春后。日常施肥应以氮肥为主，也可用稀释 1000 倍尿素喷施叶面，以保持叶色翠绿。忌施过多磷钾肥，否则容易开花结果。花果无观赏价值，但严重消耗养分，导致黄叶落叶，所以必须在长出花蕾时就及时摘除。黄杨木质坚韧，生长缓慢，造型要因势利导，剪扎结合，主枝托可攀扎定型，小枝以剪梢摘心为主。病虫害有白粉病、叶斑病、煤烟病，以及卷叶蛾、介壳虫等，但不多发，出现时应及时防治。

黄杨 （《风华正茂》，郑永泰作）

（五）六月雪

六月雪又名满天星、碎叶冬青、素馨，为茜草科六月雪属常绿小灌木。性稍喜阳，也较耐阴，耐旱，不耐寒。对土壤要求不高，适应性强，且耐修剪，只要保持土壤湿润即能生长良好。夏季开花，满树银花似六月飘雪，清丽雅洁，叶带金银边的品种更加可爱。其株型细小，枝叶扶疏，根系发达，适宜制作小型微型盆景，或作为山水盆景的衬树。六月雪病虫害很少，偶有蚜虫和蜗牛侵害。

六月雪（《忆江东》，芮新华作）

（六）胡颓子

胡颓子又名羊奶子、三月枣、甜棒槌，为胡颓子科胡颓子属常绿灌木，品种较多。胡颓子抗性强，既耐高温，也耐低温，可耐受 –8℃低温。不怕暴晒，也耐阴，耐干旱。对一般土壤均能适应，但以排水良好的肥沃壤土为佳。胡颓子树姿古雅，枝叶扶疏，秋开银白色花，翌年5月果熟，果色锈红鲜艳，是既能观果又能观叶观骨的优良树种。其细叶品种果型较小，更宜观骨。移植、翻盆宜在3月。若以观果为主，生长期每月应施肥2~3次，入秋后继续追施磷钾肥。胡颓子耐修剪，但如需观果，则应少剪或不剪，只剪除徒长枝，控制树形即可。胡颓子病虫害很少，偶有蚜虫、介壳虫、红蜘蛛危害。

胡颓子（《铁骨丹心》，郑永泰作）

（七）朴树

朴树又名沙朴，相思、朴榆，为榆科朴属落叶乔木。其树皮灰褐色，粗糙，厚实苍老，树姿潇洒，古雅婆娑，生长快，适应性强。性喜阳，耐旱，耐寒，对土壤要求不严，喜肥，也耐贫瘠。甚耐修剪，生长期可摘叶修剪多次，比较适于采用"蓄枝截干"技艺，是杂木盆景常用的树种之一，有糠朴、油朴、石朴等多个品种。朴树喜光，必须放置于阳光充足的通风环境中，浇水不宜过多，盛夏高温期中午不要浇水，以免水分蒸发量过大而枯枝。因其生长快，又耐修剪，所以必须保持肥料供给，每月施一次饼肥。入冬前可略施磷钾肥，不宜再修剪，否则剪后小枝冬眠时间过长而容易退枝。主要病虫害有白粉病、介壳虫、天牛、红蜘蛛和蚜虫等，可按常规方法防治。

朴树（《古朴雄风》，王景林作）

（八）金弹子

　　金弹子又名瓶兰花、刺柿，是柿科柿属常绿半常绿灌木或小乔木。雌雄异株，有多种果形、果色，以血红果最受喜爱。可嫁接改良果形，也可嫁接成雌雄同株。金弹子适应力强，倒栽也能成活，寿命长。其木质坚韧，老桩根盘硕壮，树皮乌黑如铁，身干自然虬曲，扭根转骨，"坑稔"（纵向棱突）突兀，腐木炭化，桩形苍古奇特。叶小，革质光亮，4月开淡黄花，5月挂果，至10月后果转成橙色或红色，有的血红艳丽。近年来，金弹子很受喜爱，成为制作杂木盆景的热门树种之一。金弹子喜阳，喜湿润环境，耐低温。对土壤要求不严，以肥沃沙质壤土为佳。平时保持盆土湿润，提高环境空气湿度。一般春季萌发前修剪整形。为使其叶小节密，萌发后可适当控水。金弹子以观果为主，除花期、盛夏和入冬后不施肥之外，坐果后应多施一些磷钾肥，入秋后略施一次以氮肥为主、磷钾为辅的稀薄肥水，以利于果子发育成熟。金弹子枝条木质化后生长缓慢，截后长粗更难，造型时必须注意调整。如处理得当，一样可以观骨。主要害虫有介壳虫和蚜虫，发病较少。

 金弹子（《童梦》，左世新作）

金弹子炭化茎部（王金荣藏）

金弹子（郑永泰作）

（九）雀梅

雀梅又名酸味、刺美、对节刺、雀梅藤，为鼠李科雀梅藤属藤状或直立灌木。性喜温暖湿润，喜阳，也较耐阴，耐干，旱贫瘠，不甚耐寒，10℃以下会停止生长。适应性强，对土壤要求不高，以微酸为佳。雀梅根系发达，萌发力强，极耐修剪，但因枝干皮层薄，愈合能力不强，且根干间养分输送管道（水线）又呈纵向对应，一根管一枝，所以修剪时必须注意根干对应平衡，小心养护。造型可以剪为主，也需要攀扎，攀扎时注意金属线不能刮伤或嵌入皮层，以免影响枝干生长。翻盆换土宜在春季萌发前，可结合整形修剪进行。较大截口要多留芽眼，密封截面，以防退缩。成型后如生长正常，每年可修剪3~4次，适当回缩，以免树形松散。老化枝条则可另蓄新枝进行更新，并勤翻盆换土，保持树势旺盛。所谓雀梅"功成身退"的说法不全面，其中既有品种问题，也有养护管理的问题。小叶红芽的品种非常耐养，只要树势旺盛，就不会退枝。作者一株盆龄超20年的小叶雀梅，就从未发生退枝现象。主要害虫有蚜虫、红蜘蛛、介壳虫，应及时防治。

（《梅林春色》，黄就明作）

（《宁静的港湾》，郑永泰作）

（十）映山红

映山红又名杜鹃、山杜鹃、毛杜鹃、山石榴，为杜鹃科杜鹃属常绿半常绿灌木。品种多，分布广。性喜温暖半阴、通风湿润环境，也耐寒，但盆栽 -3℃

映山红 （《似火年华》，郑永泰作）

以下也要防冻。映山红生长快，萌发力强，根系细密，俗称"棉花根"，适用疏松肥沃的偏酸性细颗粒土壤。其木质坚硬，枝脆皮薄，制作矫形需小心操作。翻盆修剪宜在春末花谢后进行，及时摘除残花。生长期薄肥勤施，保持盆土湿润，每月喷施一两次硫酸亚铁，以保持土质偏酸，防止缺铁叶片黄化。8月份以后以磷钾肥为主。初秋可轻剪整形，以利于来年观花；但不能多剪，以免多发秋梢而影响花芽形成。主要病虫害有叶斑病和红蜘蛛。

（十一）栀子花

栀子花又名水横枝、黄栀子，为茜草科栀子属常绿灌木。叶革质，色油亮，常绿；花黄色芳香，浆果卵形、黄橙色，既可观叶，也可观花观果。喜温暖湿润、阳光充足环境，忌暴晒。栀子花粗生易长，适用疏松偏酸性或轻黏度土壤，平时只要保持土壤湿润就会生长良好。每月喷洒一次硫酸亚铁溶液。耐半阴，也耐修剪。在夏季花后对新梢进行反复摘心，以促发多级分枝而形成树冠。病虫害不多，偶有刺蛾、介壳虫、粉虱等侵害，有时也会发生叶子黄化病和叶斑病。

栀子花 （楼学文作）

（十二）三角梅

　　三角梅又名叶子花、毛宝巾、簕杜鹃、九重葛，为紫茉莉科叶子花属常绿藤状灌木。原产巴西，喜温暖，喜强光，光照不足会导致落叶。三角梅生长迅速，成型快，成型后树形稳定，枝条无刺，极少退枝，即使枝干空心，也能正常生长。对土壤要求不高，但怕涝渍，也不耐寒，5℃以下要防冻。三角梅耐修剪，但因其木质松疏易腐，要注意保护截口。由于其生长快，开花多，根系发达，耗肥大，所以宜勤翻盆换土。5月份起每月施以磷钾为主的淡肥2次。平时日光照8小时以上，直至冬季休眠。三角梅一般以观花为主。如连续控水，保持土壤偏干，见叶片卷垂才浇水，如此连续控水半月，同时也不施肥，就能催生花芽分化，1个多月后定能满树繁花，壮观美丽。病虫害主要有蚜虫、天牛，以及白粉病，应及时防治。

三角梅（郑永泰作）

三角梅（郑永泰作）

（十三）榕树

榕树又名细叶榕、正榕、万年青，为桑科榕属常绿大乔木。榕树生长迅速，叶革质，树荫浓密。适应性强，寿命长，喜阳光充足（但盛夏也要适当遮阴），喜温暖湿润环境。不耐寒，5℃以下就会冻伤。栽培榕树宜用疏松肥沃、偏酸性砂质土壤。由于其生长迅速，上盆后浇水要"见干见湿"，施肥适量，防止枝条徒长，并勤摘芽轻剪。翻盆换土宜在春末夏初，不需过勤。日常摘芽修剪一年可进行多次，但粗枝重剪应在休眠期，以免树液流失过多，影响萌芽。榕树盆景以苍老古朴为佳，由于其愈合能力极强，可对身干进行雕凿加工，让其自然愈合，从而产生古朴感。同时，其板根、蔓根、气根都很发达，可以结合造型和翻盆换土，进行根的造型加工。榕树主要病虫害有蓟马、蚜虫、红蜘蛛、介壳虫，以及叶枯病等，可用相应药物防治。榕树对敌敌畏敏感，慎用。

榕树 (《疏影横斜水清浅》，吴成发作)

榕树身干经雕凿而产生古朴感 (《忆江南》，庄伟生作)

（十四）紫薇

紫薇又名痒痒树、痒痒花、百日红、无皮树、蚊仔花，为千屈菜科紫薇属落叶灌木或小乔木。紫薇树姿优美，树身光滑洁净，愈合能力特强，耐修剪，寿命长，花期达 4 个月，花色多种，有火红、桃红、白色、红紫、蓝紫等（以蓝紫和火红为佳，可用嫁接改换品种），既可观骨，也可观花。紫薇喜温暖湿润，喜强光，抗寒，耐旱，忌涝渍，并有一定的抗污染能力。宜用深厚肥沃的砂质土壤。移植、翻盆宜在 11 月至翌年 3 月，并结合缩剪修枝整形。日常养护，春季抽梢后要施一次养分全面的复合肥，之后每月施一两次磷钾肥或沤熟的饼肥，保持树势旺盛，就会开花不断。如每次花后剪去 1/3 左右枝梢，加强肥水管理，50 天后便能再次整齐开花。病虫害较多，一是蚜虫、介壳虫危害，并引发煤烟病；二是刺蛾、蚕蛾幼虫啃食叶片；三是白粉病。此外，也偶有天牛侵害。平时加强管理，保持环境通风透气，发现病虫害时要及早治疗。

紫薇（《日日红》，卢林作）

紫薇（郑永泰作）

（十五）三角枫

    三角枫又名鸭掌树，为槭树科枫属落叶乔木。树姿硕壮优美，身干斑驳古朴，叶形奇特，叶色多变，春夏绿色，秋后转猩红或暗红，而春季新叶嫩红，七八月份如全面摘叶，萌发猩红娇嫩新叶，十分美丽。三角枫既能观叶，也能观骨，是深受人们喜爱的杂木树种之一。三角枫喜温暖、湿润、强阳气候，耐寒，耐水湿，耐修剪，也稍耐阴。其适应力强，养护粗放。移植、翻盆宜在2~3月，结合整形修剪进行。生长期每月施肥1次以上，并适当补充磷钾肥，以使秋叶艳丽。盛夏高温期要防暴晒。造型上主枝托宜在半木质化时攀扎，定向造型，分级枝则以剪为主，成型后枝梢细密，寒枝典雅高洁，愈合组织发达，疤口很快愈合，很少出现退枝现象。病虫害较少，主要有白粉病，以及介壳虫、刺蛾、天牛等。

三角枫 （《舞动的山林》，张志刚作）

猩红似火的三角枫 （《舞动的山林》，张志刚作）

（十六）对节白蜡

对节白蜡又名思亲树、湖北梣，为千犀科梣属落叶乔木，属国家二级保护树种。对节白蜡树形多苍劲古朴、叶小枝密，其习性耐旱耐涝，耐寒耐高温，耐修剪，寿命长。养护粗放，对土壤要求不严，以疏松微酸性土壤为好。育桩期间可大肥大水，加快成型。主枝托以拉扎为主，小枝以剪为主。成型后宜用浅盆，以控制水肥，利于保形。对节白蜡春秋两季为生长旺季，生长期会不断萌发新芽，要及时抹芽或轻剪。日常要注意对生枝及蛙胯枝的修剪调整。生长旺盛的新梢呈淡红色，如新梢纤细且为浅绿色，就应调整水、肥、光条件。偶有介壳虫、红蜘蛛和蓟马侵害。

对节白蜡 （《韩江独钓》，郑永泰作）

（十七）石榴

石榴又名安石榴、丹若、天浆、金罂，为石榴科石榴属落叶灌木或小乔木，在热带地区为常绿树。石榴喜湿润向阳，全日照，耐旱，耐寒，耐贫瘠，怕涝渍。对土壤要求不严，喜偏碱土壤。因结果耗肥，盆栽宜用疏松肥沃、保水性能好的土质和较深的盆。石榴花期5~6月，可开花两三次，果期9~10月。重瓣花型的品种是石榴的一个变种，多不结果，但花色艳丽夺目，适宜观花，花期5~10月。要使盆栽石榴挂果理想，首先要勤翻盆换土，在春季萌发前修剪整形。石榴萌发力强，春季萌发的健壮新枝能形成结果母枝，因此这种枝不能随便重剪。夏秋季萌发的枝条则多不会结果，应及时剪去。生长期必须保持土壤肥力，多施几次磷酸二氢钾，并采用控水催花、人工授粉等方法促使坐果。坐果前期要保持盆土湿润，并及时疏果，使果实分布均匀；坐果后期则不能过湿，防止吸收水分过多而裂果。主要病虫害有蚜虫、介壳虫、尺蠖等，应小心防治。

石榴（《峥嵘岁月》，张忠涛作）

重瓣石榴（郑永泰作）

（十八）红花檵木

　　红花檵木又名红檵木、红桎木、红檵花，为金缕梅科檵木属的变种，常绿灌木或小乔木，经改良已培育出多个品种。红花檵木性喜光，稍耐阴，耐旱，耐寒，萌发力强，也耐修剪，枝爪分枝性强且多变化，可自然成型。适应力强，宜用肥沃疏松微酸性土壤。红花檵木花红色带荧光，很是艳丽，盛花期4~5月，花期达30~40天，9~10月会再次开花，但没那么密集。嫩枝叶鲜红，老叶暗红，在非盛花期摘叶修剪，新芽萌发后一片娇嫩嫣红，"脱衣换锦"，另具特色。其大桩很少，制作盆景多采用白檵木老桩嫁接，生长期都可进行。翻盆换土宜在早春，并结合修剪进行。由于檵木呈纵向输送水线，要防止断根烂根而伤及相对应枝干。生长期每月可施两次追肥（饼肥即可），并保持土壤湿润和阳光充足，以使叶红花艳，但要防高温期暴晒。如植株旺盛，可轻剪摘叶，10天后就会长出鲜红嫩叶，1个月后便可观花。主要病虫害有炭疽病、立枯病、花叶病，以及蚜虫、尺蠖，可用相应杀菌或杀虫药物防治。

红花檵木（《乘风破浪》，郑永泰作）

红花檵木"脱衣换锦"后叶色美艳（《层林尽染》，郑永泰作）

（十九）金雀

金雀又叫紫雀花、金雀花、锦鸡儿，为豆科紫雀花属匍匐草本植物。其身干黑如铁，根系虬曲多姿，枝条柔软，叶片细小，萌蘖力强，生长迅速，耐修剪。性喜阳，不怕晒，耐寒，耐旱，耐贫瘠，忌渍涝。宜用排水良好的砂质土壤培植，放置于阳光充足环境。金雀盆景以观花为主，满树金英，颇具雅趣。花期4~6月，其他时段也能零星开花。在花蕾形成后可喷施一次磷酸二氢钾，花后再追肥一次，日常施以薄肥即可。翻盆换土宜在3月萌动前，结合修剪整形进行。萌发期要及时疏枝疏芽，花后缩剪枝梢。病虫害较少，主要有红蜘蛛，介壳虫等。

（《林泉禅境》，张延信作）

金雀（楼学文作）

（二十）棠梨

棠梨又名鹿梨、鸟梨、野梨，为蔷薇科梨属落叶乔木。棠梨树姿优美，繁花皓洁，根系发达。性喜肥，不耐贫瘠，宜用排水良好的肥沃壤土。由于其生长迅速，叶片大，蒸发快，故须充分浇水，保持土壤湿润，但成型后应适当控水，以免节长叶大。生长期每月要施追肥2~3次，以磷钾肥为主。野生棠梨以观花为主，每年除春季翻盆换土，重剪整形外，平时要经常剪除徒长枝，对其他枝条也略加缩剪或摘芽剪梢，以保持树形紧凑。花期在夏初和秋末，可在春末或初秋进行修枝、摘叶、控水，1个月后就会繁花满树。观果的棠梨盆景则是嫁接了梨树品种，需注意保护坐果枝，删除徒长枝和无用枝；7月份花芽分化期要略施磷钾肥，适当控水，挂果后再追施磷钾肥。入冬后还可施一些有机肥。病虫害有白粉病、叶斑病、梨锈病，以及蚜虫、红蜘蛛、刺蛾等。

棠梨（何伟源藏）

棠梨管理得当，繁花满树 （《梨花几度带雨开》，郑永泰作）

（二十一）火棘

火棘又名救军粮、吉祥果、状元红、水楂子，为蔷薇科火棘属常绿灌木或小乔木。性喜强光，耐旱、耐寒、耐贫瘠，也耐修剪。对土壤要求不严，以疏松肥沃微酸性壤土为佳。火棘花繁果密，花期3~5月，果期8~12月，有时可延续至翌年春节。由于花果耗肥，平时应注意给予充足阳光和水肥，花期前适当偏干，施以磷钾肥。花期可疏除过密花序和小花，坐果后也可适当疏除过密的果，以集中营养。每半月追施一次磷钾肥，使果实更加饱满光亮。如果期长出新梢应剪除，观赏期过后及时摘果补肥。火棘树形较松散，耐修剪，整个生长期都可不断摘心打梢，以保持树形紧凑。主要病虫害有白粉病、煤烟病，以及蚜虫和介壳虫。

火棘（《妙韵庆丰年》，黄就成作）

（二十二）小石积

小石积为蔷薇科小石积属常绿灌木。性喜阳，稍耐寒。宜用疏松肥沃微酸性土壤培植。小石积叶片为奇数羽状对生复叶，枝干圆滑，过渡不太明显，且质软柔韧，特别适宜制作垂枝式造型，常采用攀扎拉吊的造型方法。老桩则可做成多种造型。病虫害较少，偶有霉病、介壳虫。

小石积 （《江南古韵》，邹升志作）

（二十三）枸骨

枸骨又名鸟不宿、老虎刺、猫儿刺，为五加科枸骨属常绿灌木或小乔木。性喜阳，也耐阴，稍耐寒，-5℃以下会受冻。叶厚革质，四角或卵形，尖端有刺，尤以小叶品种具特色，既可观叶，也可观果。花期4~5月，果期10~12月。果多，果色艳，橙黄或火红，多见嫁接无刺品种，以观果为主。枸骨喜肥，春季萌发后每月要施肥两次，夏季视生长情况少施或不施，入秋后再施一两次磷钾肥。由于其萌发力强，性喜湿润，生长期要勤浇水，保持盆土湿润，并注意剪除徒长枝，抹除无用芽。其根系发达，且易发蘖生芽，应及时清除蘖芽，以保持树形，避免养分分散。主要病虫害有煤烟病和介壳虫。

枸骨（郑永泰作）

（二十四）红果仔

　　红果仔又名红果、番樱桃、灯笼果，为桃金娘科番樱桃属常绿小乔木，原产巴西。喜温暖湿润、光线充足的环境，不耐旱，不耐寒，5℃以下要防冻。宜用较深厚砂质微酸性土壤培植。红果仔喜肥，但忌浓肥，应薄肥勤施，可以饼肥为主。生长期必须勤浇水。因其枝条节间较疏，生长期要注意经常抹芽摘心，使其枝爪丰满。翻盆换土宜在春季。耐修剪，很少退枝，既可观果，也可观骨。8月花芽分化，10月可现花蕾，初春开花，果期3~4月。浆果球形，有8~10棱，由绿转红，甚受喜爱。养护上8月要控水促花芽分化，花期可辅以人工传粉，坐果后每月施2~3次磷酸二氢钾，果后及时摘除残果。病虫害很少，偶有介壳虫、蚜虫危害。

红果仔（《神采飞扬》，吴成发作）

（二十五）清香木

清香木又名虎斑檀、紫油木、清香树、细叶楷木，为漆树科黄连木属常绿灌木或小乔木。清香木叶革质羽状偶数互生，有类似花椒和柑橘混合的清香味，产于云南等西南诸省。性喜阳，喜温暖，也稍耐阴耐寒，−10℃以下要防冻。其生长慢，寿命长，桩多苍老古朴，木质耐腐，入水可沉。枝条柔韧优美，且耐修剪，叶色光亮，是受喜爱的杂木树种新秀。宜选用透水性好的砂质壤土栽植，放置于阳光充足、通风的环境。因其对水肥比较敏感，浇水"见干见湿"，慎防积水。施肥不宜过频，以控制树形，缩小叶片。若水肥不当，容易导致烂根落叶，引发腐根病。其他病害很少，害虫有蚜虫、红蜘蛛等。

清香木 （《高仕图》，许维塘作）

（二十六）梅花

　　梅花又名春梅、酸梅，为蔷薇科梅属落叶乔木。梅花列中国十大名花之首，品种甚多，盆栽多用老桩嫁接。梅花喜向阳高燥、通风透气的环境。对土壤要求不严，宜用疏松富含腐殖质的中性土壤，用盆则不宜过浅。宜放置通风、向阳的环境。其对水分比较敏感，盆土过湿，根系发育不良，轻则叶黄而落，重则伤根腐根；盆土过干，则分枝生长受阻，易落叶，花芽发育不良，所以浇水必须"见干见湿，浇则浇透"。初夏可适当控水，促花芽分化，冬末春初则要保持盆土湿润，使花色饱满艳丽。梅花新梢期可施两次磷氮肥，促枝梢粗壮；花后展叶时每月施一次饼液肥。夏末秋初，施肥以磷钾肥为主，并对主枝进行摘心，以促花芽分化；花芽分化后，可喷施磷酸二氢钾，使花芽饱满。适时修剪整形，以疏剪为主，营造高雅自然韵味。可取势攀扎，粗扎细剪，使枝叶舒展，疏密得当。花后要把开花枝剪短，枝条长到15~20厘米时就应摘心促发分枝，使枝多花繁。梅花病虫害较多，炭疽病、流胶病、斑枯病等病害，可用杀菌药防治；黄化病，可喷施硫酸亚铁。虫害有蚜虫、红蜘蛛、介壳虫、天牛等，应及时防治。

梅花（楼学文作）

（二十七）迎春花

迎春花又名迎春、黄素馨、黄梅，为木樨科素馨属落叶灌木。其小枝细长，多拱形下垂，轻柔纷披，花色端庄秀丽，甚为清雅，与梅花、水仙、山茶花统称为"雪中四友"。迎春花喜光，耐旱，稍耐阴，耐寒，也耐碱，适应性较强。不择土，可用疏松肥沃偏酸性砂质土壤栽植。迎春花怕涝，浇水可"见干见湿"，土壤略为偏干即可。夏季要防暴晒。生长期每月应施追肥两次，后期以磷钾肥为主。其一年生枝条形成花蕾，翌年初春开花，花后可略加修剪，截短花枝，促生分枝，并施一次稀薄饼肥。移植、翻盆宜在春季萌发前。病害主要有叶斑病、灰霉病、花叶病等，虫害有蚜虫等，注意清除杂草，及时防治。

 迎春花（杨允民作）

（二十八）海棠

海棠又名海棠花、木瓜，为蔷薇科苹果属落叶灌木或小乔木，品种较为复杂，常见的有西府海棠、垂丝海棠、贴梗海棠、木瓜海棠等。海棠花色艳丽，枝干矫健，花期4~5月，果期9~10月。性喜光，耐寒，耐干旱，忌水湿。花前追肥1~2次，以后每半个月都应施一次磷钾肥，直至秋季落叶。其花芽多由顶芽分化，必须注意剪除不良枝和过长枝，保留中短花果枝，并促多生分级枝，以增加花量。造型上应采用剪扎结合的手法，注重枝干造型，尽量多样化，不要局限于某种固有型式。病虫害有腐烂病，以及蚜虫、卷叶虫、红蜘蛛、金龟子等。

（楼学文作）

（二十九）博兰

博兰又名海南留萼木，为大戟科博兰属常绿灌木小乔木。博兰苍劲古朴，虬曲多姿，叶小革质常绿，木质坚硬耐腐，多形成天然舍利。喜阳光，耐旱，耐阴，喜肥，但忌浓肥、化肥。虽产于海南，但也稍耐寒，5℃以上能安全过冬。管理粗放，不择土壤，只要光线充足，就能正常生长。萌发力强，很耐修剪，生长期均可以修剪整形，宜以剪为主，适当攀扎。其根系发达，可结合翻盆换土修根造型。病虫害很少，偶有叶斑病和介壳虫。

博兰（《春意盎然》，彭盛才作）

（三十）山橘

山橘为芸香科山橘属常绿小灌木。叶色苍翠、质革厚实，枝条刚劲，叶片3年才掉，终年常绿，生命力超强，生长慢，寿命长，且树型稳定，容易保形。其性耐阴，耐干旱，耐贫瘠。适用肥沃砂质土壤栽植，也可掺入一些塘泥。翻盆换土宜在清明前后，结合修剪进行。如过早修剪短枝，有时经久不会发芽。因其多顶芽萌发，因此须经常缩剪枝条，或一次摘除到位，以促生分枝。生长期浇水可"见干见湿"。施肥以饼肥为主，每月1次。夏季要适当遮阴，如暴晒叶片会变黄，失绿老化，停止生长。害虫主要有介壳虫、蝴蝶幼虫和潜叶蛾。

山橘（《闲情雅趣》，朱本南作）

（三十一）黄荆

黄荆又名五指柑、布荆，为马鞭草科黄荆属落叶灌木或小乔木。皮干龟裂，枯朽斑驳，虬干嶙峋，桩形多奇特变化，易成活。性喜温暖湿润、阳光充足的环境，也较耐寒，耐半阴，耐修剪，是北方常用的优良杂木树种。黄荆对土壤要求不严，宜以砂质微酸性土壤栽培。浇水可见干见湿，偏干无妨。由于其枝条脆硬、木质易腐，攀扎应顺势而为，剪扎结合，以剪为主。修剪、攀扎宜在春季。其枝条节长，叶片偏大，应注意适当控水，也不要向叶面喷水。可经常同步摘叶摘心，促使节短、叶片细密，并尽量蓄养枝干，以求合理过渡。因其根系发达，上盆后每隔一年就必须翻盆换土，以保持树势旺盛，防止退枝。病害很少，害虫偶有蚜虫、介壳虫发生，应及时防治。

黄荆（《伏牛神韵》，刘秀根作）

黄荆（《五老峰》，雷天舟作）

（三十二）赤楠

赤楠又叫红杨、山乌珠、鱼鳞木，为桃金娘科赤楠属常绿灌木。赤楠喜温暖湿润的环境，耐阴，耐湿，耐高温，也稍耐寒，0℃以下要防冻。其树姿优美，枝叶常绿，新叶嫩红，生命力强，生长稳定，寿命长，是优秀的观叶树种。喜偏酸土壤，喜肥，但忌浓肥。日常管理要薄肥勤施，每月一两次。缺肥时叶片变小，没光泽，但有利于花芽分化，故花满枝头。其花果观赏价值不大，应及时剪除，以免消耗养分，削弱树势。生产期每季可施硫酸亚铁一两次。其枝干皮层薄，若失水容易枯枝，故除春末夏初应适当控水，以防止叶片过长之外，其他季节应保持土壤湿润，不能过干，以免失水。夏季则要适当遮阴。其皮薄枝脆，不宜过多攀扎，只能粗扎细剪，以剪为主。赤楠的枝条常年都可修剪，重剪宜在春季萌发前结合翻盆换土时进行，且必须同步，否则有的粗枝剪后会不萌发新芽，甚至退枝。日常修剪主要是剪除徒长枝、过密枝，以利通风透气，保持树势均衡旺盛和树冠错落有致。病虫害主要有红蜘蛛、介壳虫、天牛和毛虫等，偶有煤烟病发生，应多观察，及时防治。

赤楠（郑永泰作）